企業家品牌依戀

俞鈺凡、李南鴻 著

前　言

企業家對於企業品牌的重要影響是無可非議的。企業家品牌是繼產品品牌和企業品牌研究之後的又一重要領域，對於消費者而言，其品牌作用自是不同。在社交媒體如此發達的今天，企業家對於消費者而言不再是「蒙娜麗莎的微笑」，而是大有超過娛樂明星的勢頭，成為眾多普通消費者的交互對象。不同於和普通公民的交往，與企業家的交互很多時候並非面對面的。就是這些類社會交互（企業家主動曝光和被動前臺化）讓消費者逐漸形成了企業家品牌依戀。但是，對於為什麼會形成企業家品牌依戀這一問題的回答，目前既沒有豐富的實踐經驗提供示範，更缺乏相關的理論指導。

一方面，在營銷研究領域中，關於品牌社群、品牌-消費者關係等方面的研究，均涉及了消費者依戀這一重要的構念。但是，在以往的對於消費者依戀的研究中，主要是從認知的角度探討依戀產生的原因和結果。我們認為，依戀作為一種情感紐帶，其產生的根本原因在於情感。另一方面，過去企業家方面的研究文獻，多集中在企業家作為經營者的身分，通過影響內部員工和股東而作用於企業品牌，研究的焦點主要為領導特質、領導風格、領導魅力等。近年來，對企業家的研究視角開始轉向外部顧客——消費者，然而，研究的重點是企業家行為對消費者的影響，例如，企業家代言、企業家慈善行為等，忽視了消費者對品牌的掌控力。研究證明，個體會同那些滿足他們需求的品牌形成依戀，具體通過滿足自我（體驗消費）、實現自我（功能消費）和豐富自我（象徵性消費）。也就是說，過去的研究是從認知層面對品牌依戀進行剖析的。從品牌依戀本身的含義來講，儘管學者們一致認為依戀是與自我相關的關於認知和情感的紐帶。此外，因為自我在互動中具有認知和情感的兩方面的力量，與

自我相關的認知總是具有情感色調的，並且受到情感的控制。所以針對消費者自我的角度，從情感層面研究依戀形成符合依戀研究的主線。遺憾的是，鮮有文獻從情感的層面研究品牌依戀的形成。這為本研究留下了研究的空間。

創建品牌依戀是今日營銷界的一項重要的品牌化議題，塑造品牌個性，使得其與消費者的自我相匹配是創建品牌依戀的重要任務之一。然而，一個關鍵的問題是，品牌個性是應該和消費者的真實自我一致匹配還是應該和消費者的理想自我進行匹配呢？基於以上，本文從消費者視角出發，研究消費者自我和諧對企業家品牌的情感作用。具體探討消費者自我和諧（真實自我一致/理想自我一致）對企業家品牌依戀的情感形成機理，這是一次嶄新的研究嘗試。在自我理論、情感理論和品牌依戀理論的基礎上，本研究將消費者自我和諧、情感仲介、類社會互動涉入度以及企業家品牌依戀等變量整合到一個框架模型中。以自我概念分類標準，將消費者自我和諧分為真實自我一致和理想自我一致。在此基礎上，研究不同的消費者自我和諧產生的仲介情感差異。同時，引入類社會互動涉入度，研究消費者自我和諧在不同的情境下對企業家品牌依戀的影響結果。

全書共分七章。內容結構安排如下：

第一章，導論。通過梳理成人對親密關係的尋求、觀看與表演的風格社會、企業家和消費者之間的類社會互動、企業家個人品牌對消費者的影響、消費者對企業家品牌的積極關注與消費者對企業家品牌的回應日趨複雜、企業家品牌依戀的研究等研究背景，得出本文所要研究的具體問題，由於跨學科研究涉及一些關鍵術語，本文進一步界定這些關鍵核心概念，明晰本文研究的思路，做好內容安排，最後確定研究方法。

第二章，品牌與依戀。本章主要就本書的關鍵術語「企業家品牌依戀」進行理論追溯。

第三章，企業家品牌依戀以及相關理論文獻回顧。本章實則為實證部分的文獻綜述，是本研究的理論基礎，本研究涉及的理論主要包括企業家品牌依戀理論、情感理論和自我理論等研究成果，通過文獻綜述歸納出一個內容體系框架。首先，從品牌關係的行為因素轉向心理因素研究歸納出本文的消費者——企業家品牌依戀研究基礎；其次，從企業家品牌依戀的外部變量向內在變量的

研究歸納出本文的情感研究視角；最後，從消費者情感依戀研究的理論推演進而進行實證分析。

第四章，企業家品牌依戀情感研究的理論框架與假設提出。基於文獻回顧，本章釐清了消費者自我與企業家品牌依戀的關係以及情感複合的仲介效應，為了進一步明晰變量之間的關係，本研究還涉及調節效應。基於各個變量之間的關係推演，提出本文假設並構建研究模型。

第五章，數據搜集、分析與假設檢驗。根據本研究的要求，本章詳細說明了數據搜集過程並對數據進行描述；其次，根據搜集的數據，對模型中的變量關係進行探索性因子分析和驗證性因子分析，對研究假設進行檢驗。

第六章，研究結果與討論。本章總結研究結果，提出本研究的學術價值和管理意義並提出本文研究的不足以及後續研究的方向。

通過實證部分的兩個研究，發現真實自我一致與理想自我一致都能提高企業家品牌依戀。而且真實自我一致對於提高類社會互動程度高的消費者的企業家品牌依戀更有效，理想自我一致對於提高類社會互動程度低的消費者的企業家品牌依戀更有效。從作用機理看，真實自我一致顯著提高被試者的自信，理想自我一致顯著提高被試者的自卑。自信和自卑都能產生企業家品牌依戀，且真實自我一致主要通過自信情感產生企業家品牌依戀，理想自我一致主要通過自卑產生企業家品牌依戀。

為了對企業家品牌依戀的產生進行進一步的探究，本書在第七章對消費者-企業家品牌依戀的類社會互動動機進行了質性研究。

目　錄

第一章　導論／1

第二章　品牌與依戀／17

　　第一節　品牌與企業家精神理論／17

　　第二節　依戀與其他相關理論／22

　　第三節　成人情感依戀／25

第三章　企業家品牌依戀以及相關理論文獻回顧／31

　　第一節　企業家品牌的提出和概念化／32

　　第二節　依戀構念及其與消費行為的關係／34

　　第三節　企業家品牌依戀的產生／39

　　第四節　名人品牌依戀測量／43

　　第五節　自我理論綜述／46

　　第六節　情感理論綜述／54

　　第七節　文獻小結與述評／61

第四章　企業家品牌依戀情感研究的理論框架與假說的提出／65

　　第一節　消費者自我和諧與企業家品牌依戀的關係／65

　　第二節　消費者情感的仲介效應／70

　　第三節　類社會互動涉入度的調節效應／75

　　第四節　研究假設與變量說明／77

第五節　消費者-企業家品牌依戀的概念化與測量／82

第五章　企業家品牌依戀情感研究數據搜集、分析與假設檢驗／90

　　第一節　研究一的數據搜集和樣本／90

　　第二節　研究一的研究程序／92

　　第三節　研究一的數據分析結果／93

　　第四節　研究二的數據搜集和樣本／95

　　第五節　研究二的測量／97

　　第六節　研究二的數據分析結果／98

　　第七節　假設檢驗的結果總結／100

第六章　自我、仲介情感與企業家品牌依戀／102

　　第一節　主要研究結論／102

　　第二節　研究啟示／105

　　第三節　研究局限與未來研究／111

第七章　消費者-企業家品牌依戀的類社會互動動機／113

　　第一節　文獻回顧／113

　　第二節　研究設計／116

　　第三節　研究結果分析與討論／118

　　第四節　消費者-企業家品牌依戀的動機／121

參考文獻／126

附錄　調查問卷／135

後記／147

第一章　導論

我討厭一種人，他們把自己稱為「企業家」，實際上真正想做的卻是創建一家企業，然後把它賣掉或上市，他們就可以變現一走了之。他們不願意去做那些打造一家真正的公司所要做的工作，當然這也是商業領域裡最艱難的工作。然而只有那樣你才真正稱得上有所貢獻，才算是為前人留下的遺產添磚加瓦。你要打造一家再過一兩代人仍然屹立不倒的公司。那就是沃爾特·迪士尼，休利特和帕卡德以及創建英特爾的人所做的。他們創造傳世的公司，而不僅僅是為了賺錢。這正是我對蘋果的期望。

——史蒂夫·喬布斯

一、問題的提出

我們生活在充滿社會影響的世界裡。這些社會影響試圖讓我們去做或者相信某種事情。那麼什麼是社會影響呢？從心理學的角度來看，社會影響指的是通過某種方式達到對人的行為、態度和信念的改變。行為上的變化叫作接受，態度上的變化叫作說服，信念上的改變叫作宣傳或教育（Philip G. Zimbardo and Michael R. Leippe，2007）。

企業家一直被認為是企業品牌的重要塑造者和影響者（Bagheri and Mehdi，2010）。在營銷中，術語「品牌」一般應用於公司、產品或服務。營銷人員認為，一般而言，品牌可以根據被感知質量、形象等而定義。名人也能被看作品牌，因為他們在被專業化管理後擁有一個品牌附加的屬性和特徵。當今時代，企業家不再單純是企業品牌的幕後操縱者，而是與社會、消費者以及其他社會組織緊密聯繫在一起，開始從幕後走向前臺的人。這些財富的創造者們不再清一色的低調，他們逐漸認識到，個人在公眾中的知名度不但是對其自身社會價值的肯定，也是對企業品牌的重要補充。同時，媒體傳播在廣度和深度上的延伸，使得越來越多的企業家進入公眾視野。網絡搜索引擎的強大功能以及媒體

對財富的競相熱捧，讓那些隱藏在幕後的企業家無處可藏，他們的一舉一動都有可能被發現並被放大。企業家品牌是企業傳播繼產品層級、企業層級之後，更深層次的品牌傳播需求。每一位企業家都是一個符號，他們站出來為企業做品牌背書，就等於是向消費者承諾。

與此同時，社會公眾對名人的關注過程，實際上也是一種對其不斷認同的過程，是對於其文化內涵和價值，尤其是成功的價值的社會認同，這是一種價值-情感的認同機制，一種以情感為主的交換。在與名人的互動時，認同者可以從中得到情感宣洩、情感寄託、行為示範等方面的溢出。

1. 成人對親密關係的尋求

閱讀他人寫的東西，聽他人的講話，觀察他人臉上的表情以及行為，聞他人身上的味道，感覺他人的擁抱，等等，以上這些互動都稱為「建立聯繫」或「保持接觸」。實際上，只有擁抱產生了身體的接觸，其他的互動都有一定的距離。在嬰幼兒期，我們不會說話或寫字，此時的身體接觸是最重要的課題。過了嬰兒期進入幼兒期，基本的身體親密行為穩步減少。幼兒需要獨立的行為去發現世界、探索環境。親密接觸的交流讓位於日益敏銳的視覺交流。青春期的到來，與父母身體接觸進一步減少。親密行為的原生序列是「抱緊我／放下我／別管我」。離開父母的視野後，這個序列倒過來回到源頭。也就是說，親密關係終其一生。

成人世界是充滿壓力和陌生人的世界，在這個世界裡，我們需要親愛之人的親密安撫。但是由於各種各樣的原因，他們可能沒有回應我們的渴望；無論是出於冷漠或者是忙於現實生計的複雜情況，我們都會深處危險的困境。如果我們享受不到親密關係，我們就難以應付生活的壓力。由於傳統的道德觀念，我們可能會抑制自己的親密行為，情不自禁地接受這樣的觀點：即使在最親的親人之間，享受親密行為也是邪惡的。如果這樣的話，我們對親密接觸的渴望就得不到滿足，我們就會孤獨。然而，人類是富有創造才能的物種，如果我們被剝奪了迫切需要的東西，我們的創造精神很快就能驅使我們去找到替代品。我們與他人的接觸因文化局限而受阻，顯然，尋求與親人之外的成人的親密是會造成社會損害的，於是，我們就把親密行為轉向替代品。於是我們就會轉向「物」上。例如，養寵物。

與有生命的物體不同的是，人們常常用無生命的物體來替代我們與真人親密接觸的問題。例如，我們抽菸，雙手習慣性地插在口袋裡，在柔軟的水床中進入夢鄉……這一切與「物」的接觸都讓我們回憶起嬰兒期被母親抱在懷裡的溫暖（Desmond Morris, 1987）。從本質上說，親密關係意味著信賴。過去我

們一直認為人們吸菸是尼古丁上癮的習慣，誠然有這個因素，但這絕不是最重要的因素。為什麼這麼說呢？因為越來越多的香菸尼古丁的含量越來越低，甚至是微乎其微的，所以上癮的原因在於其他的因素。根據 Morris（1971）的觀點，成人的種種行為與渴求親密關係分不開。Bowlby（1969，1980）認為，成人之間親密關係的處理要追溯到嬰兒期的依戀關係的形成。對於成人而言，名人是一種角色模範，面對面的關係中，依戀大致也這樣形成。例如，通過親近、熟悉名人的面孔、聲音和習慣（Gayle S. Stever, 2011）。

2. 觀看與表演的風格社會

被譽為 20 世紀最為出色的社會學家 Erving Goffman 在對角色扮演進行了具體深入的研究，提出了著名的「擬劇論」。戈夫曼的「擬劇論」基於這樣一種假設，即我們所有的社會性活動和互動行為都是某種類似舞臺上的表演行為。在人類社會生活中人與人之間的互動過程具有非常明顯的表演特性，我們是為在他人心目中塑造一個自己所希望的印象而表演。在《日常生活中的自我呈現》一書中，戈夫曼提出人生如戲，表演不再是單一事件，它融入人們日常生活之深刻，使我們幾乎難以覺察其存在。人性的窺視慾望，將今日社會推波助瀾變成一個表演的舞臺，人人隨時隨地是主角與觀眾、看與被看，無論你是否願意。人們關心自我的形象，也觀看他人表演，日常生活成為舞臺，人人都是演員。媒介使得日常生活之一切如風格、服飾或音樂等都成為表演，我們時時刻刻注意自己的形象。我們自拍、寫博客、在網絡空間發帖回帖，無所不在的媒介環境是我們表演與觀看的舞臺。媒體不再有形式類別之分，也沒有事件、空間的傳播差異。地方與全球、私人與公共的差異不再，表演者與觀眾之間的距離消失。無所不在的媒介環境不存在表演者或觀眾的區別，因為每個人都同時具備了兩種角色：在觀看他人的同時，亦是被觀看的對象。

1998 年，N. Abercrombie 與 B. Longhurst 在 *Audiences* 一書中提出了「觀看與表演」範式（Spectacle/Performance Paradigm，SPP），成為繼 20 世紀 80 年代 Stuart Hall 提出「編碼/解碼」（Encoding/Decoding Mod）範式後，最重要的受眾研究範式。媒介影像大量進入日常生活，人人直接或間接成為受眾，人們將出現在他人面前，也同時想像他人如何看待自己。消費的意義是為了凸顯自我，消費者以消費凸顯自我主體性。從學術層面來講，這個範式探討了受眾的主動媒介使用行為以及消費者自我形象的搜尋與建構。過去，受眾面對大眾媒體強勢宣傳，人們是被動的。90 年代末學者發現，受眾角色隨著科技發展變遷，開始關注受眾主動性。在所有提出的研究方案中，以「觀看與表演」範式最具理論完整性。

2005年美國核心期刊 *American Behavior Scientists* 出版特刊討論新媒介與受眾行為，特別探討「迷」和「追星」的偶像崇拜行為，該特刊引用「觀看與表演」範式分析粉絲媒介消費模式，探討科技與受眾複雜的關係。臺灣學者張玉佩以《觀看與表演》範式探討網絡受眾，她在博士論文中強調受眾主動思考能力，探討人們媒介消費行為中非理性的一面，受眾身分是流動的。手機與網絡的結合，使受眾隨時成為媒介消費的主體，同時是觀看的主體與被觀看的客體。「觀看與表演」範式以人為出發點，為受眾研究帶來新的視角，解釋多元化社會中受眾的媒介使用行為及規律。科技塑造了人的新角色，主動的受眾以強大的創造力凸顯自我。

戈夫曼在擬劇論中分析人際互動機制，提到了很多技巧和措施。有很多學者進一步將其應用到研究人際互動中情感方面的動力機制（Gordon，1981，1988；Arie Hochschild，1975，1979，1983；Rosenberg，1979，1990；Thoits，1985，1990；Candack Clark，1987，1990，1997；Gordon，1981，1988）。在微觀層面，對擬劇論的研究中，大多基於互動這一線索，研究互動中人們情感動力機制。儘管 YOUNG & MASSEY（1978）做了一個擬劇論的宏觀應用分析。他們認為，社會就是一個大舞臺，在這個戲劇社會（Dramaturgical Society）中，社會科學、大眾傳媒、劇場和藝術等技術被用來管理現代大眾社會中人們的態度、行為和情感，提升服務形象、質量形象、責任形象和其他形象，進而提升公司、政治家和管理者的自我形象。在已有的文獻中，有很多研究公司形象、產品形象、品牌形象以及他們之間的關係（Park et al.，1986；Biel，1992，1993；Keller，1993；Aaker，2003；Hiseh、Pan & Setiono，2004；盧泰宏，1998；董大海，2007；銀成鉞，於洪彥，2007），但是，到目前為止還沒有見到研究企業家與消費者互動的實證文獻。

3. 偶像崇拜與角色扮演：情感資本的力量

不可否認，人類的一切都是因為愛與被愛衍生而來。愛是我們所有行為的驅動力。模仿偶像正是依戀的表現。我們喜歡模仿偶像的穿著打扮或者言行舉止。心理學家認為，偶像崇拜是每個人的社會認同與情感依戀。偶像崇拜隨著社會形態變遷與時俱進，遠古時代人們膜拜木偶與神像。過去的偶像是榜樣，是工作學習的榜樣。進入大眾媒介時代，名人、明星成為偶像，雷鋒與謝霆鋒，榜樣與名人，各具時代意義。如今，人們對偶像的選擇進一步走向娛樂化與多元化。香港城市大學教授岳曉東在《追星與粉絲》一書中指出，偶像崇拜是「人類自身在不斷進化演變過程中，所保留傳承下來的一種近乎本能的心理和行為傾向，是人們將自己內心的願望、欲求、理想、情感和信念向外的

投射和放大，是一種深層自我的現實化、人格化和理想化。偶像崇拜者給偶像人物賦予無窮的幻想，並採取各種方式從事許多與偶像有關的事情」。

粉絲主動尋找偶像與品牌的消費行為，受到營銷學與傳播者的關注。偶像崇拜與追星行為，在 20 世紀中葉開始進入歐美傳播學研究領域。於 90 年代初逐漸成為受眾研究的焦點。偶像和品牌可以凝聚消費者的情感，讓消費者化心動為行動。真實性是粉絲認同偶像的重要特質。

偶像社會影響力與經濟價值來自大眾的關注，涉及社會利益，所以在某種程度上必須犧牲自己的隱私權，承擔更大的社會責任與義務。網絡社區裡面，不單純是崇拜與被崇拜的關係，而是朋友與家人。國內很多粉絲彼此互稱為「親」，將同一個粉絲群體成員視為家人。在網絡中，粉絲在觀看偶像的同時，自己也加入了表演的行列。粉絲將自我理想投射於偶像身上，肯定自己並將認同內化，在比現實世界更美好的想像家園中得到滿足，在現實社會中付諸行動，做優質粉絲以凸顯偶像的好處。同時，使自我在網絡中得到無限延伸。

角色扮演就是粉絲以具體行動來表達對某個角色的熱愛，因為喜愛這個角色才會開始玩角色扮演。角色扮演出自人們心中對各種版本人生所存在的渴望。消費者喜歡上一個品牌，就是認同一個品牌所代表的精神，將自我投射到這個品牌。我們選擇使用這個品牌，因為喜歡，因為可以展現自我、肯定自我。在媒介無所不在的環境中，人們會對某些影響留下記憶，迷戀某個名人或者購買完全不需要的昂貴奢侈物品，這些消費經驗都是無法以理性來分析的。人們潛意識的情緒與渴望，在消費過程中扮演關鍵角色。

首先提出「情感資產」概念的是英國營銷專家凱文‧湯姆森（Kevin Thomson），他於 1998 年出版《情感資本》（*Emotional Capital*）一書，認為「情感資產」由外在與內在情感資產兩大核心組成。「外在情感資產存在於顧客和股東的內心，是品牌價值和商譽。它們已經受到越來越多企業的重視，並被納入到企業資本的核心……」內在情感資本則指向員工的內心，包括員工的感受、信念和價值觀。情感資本是消費者對品牌與偶像的喜愛程度、熟悉程度、忠誠程度、感知程度以及消費者對品牌與偶像的聯想等無形資產。情感資本的累積關鍵在於企業將主導權交於消費者，讓社交媒介上的消費者群體決定。「情感資本」能引起消費者共鳴，勾起慾望與內心的情感。人們在品牌與偶像身上看見認同，進而找到一群接納自己差異的同好，投入情感與互信。

你的情感是新一代企業奶酪，也許就在你不注意的時候，企業悄悄地打起了動你情感的主意，讓你在品牌與偶像身上找到認同與寄托，不知不覺墜入愛河，愛上品牌或偶像，以實際行動支持偶像與品牌，投入情緒資本，心甘情願

重複購買產品，還自願出錢出力廣泛宣傳。名人是社會中距離大眾遙遠的個體，名人真實的一面也許我們永遠無法知道，但是他們在媒體上呈現的一面是吸引粉絲的關鍵，而這個形象是由各種媒體塑造的。對大眾而言，名人扮演了非常特殊的角色，可以同時是粉絲的偶像、榜樣、愛人、朋友和家人。名人給大眾帶來一定程度的情感影響，帶來愉悅或情感體驗，伴隨其度過人生許多階段，是個人成長記憶的一部分，也是社會集體記憶的一部分。

　　然而，奠基於情緒資本的粉絲經濟力量強大，水能載舟亦能覆舟，一旦粉絲的情感投入受到否定，消費者對品牌和偶像會更加失望。不過大眾也有反思的能力。例如，大眾對明星的私生活特別感興趣，當明星發生醜聞時，受眾反而更能認同這些明星私底下的另一面。傳播學研究發現，社會上弱勢族群對明星的醜聞更能認同。

　　4. 喬布斯與「果粉」：企業家個人品牌對消費者的影響

　　在中國，一些人聲稱自己是「蘋果教」的「果粉」，「教主」就是喬布斯。隨著喬布斯的逝世，這種膜拜達到了頂峰。喬布斯逝世，這一消息引發全世界的緬懷，史無前例。美國國家前總統奧巴馬稱其為「最偉大的創新者」；微軟公司創始人比爾·蓋茨則認為，「世界上很難再有人擁有喬布斯的影響力，他將影響幾代人」；《經濟學人》則讚揚喬布斯擁有「魔幻般的人生」。對喬布斯的悼念涉及各行各業，其中不乏他的競爭對手。Google 首頁添加喬布斯名字和生卒年月，並把連結指向了喬布斯創造的蘋果公司的官方網站。作為所有搜索引擎中唯一對喬布斯逝世做出迅速反應的網站，谷歌的做法被不少網友理解為谷歌在向其偉大的對手致敬。更多的網友則是通過微博發表他們對喬布斯的緬懷，創造微博新紀錄，甚至有網友幽默地稱，喬布斯生前讓全世界的人刷卡，而喬布斯去世則引發全世界的人刷屏。

　　顯然，喬布斯對「果粉」的影響是如此巨大，以至於喬布斯辭世那天，蘋果公司股價一度大跌 7%。對蘋果來說，失去喬布斯是失去一位領導者，同樣也是失去公司最重要的形象大使。人們這樣描述喬布斯和蘋果，「上帝、牛頓、喬布斯的三只蘋果改變了世界，而如今三人終於聚到了一起」。喬布斯被稱為「蘋果之魂」，他的粉絲被稱為「果粉」。下面摘錄一些「果粉」對喬布斯的悼念：

　　「喬布斯死了，我的世界頓然空虛！」（長沙一位「果粉」）

　　「當年喬布斯的第一款音樂產品我買了，iPhone 4s 是他最後一個產品，到時候一定要買，不為別的，專門來紀念他也好。」（一位自稱「資深果粉」）

　　「我是一個忠實的果粉，當初自主創業時選擇賣這些，很大程度上是看好

了喬布斯的個人魅力。」（一位在淘寶經營蘋果手機的店主）

……

很多「果粉」說，喬布斯的很多話語都能背下來，對許多「果粉」而言，喬布斯更像一個人生導師。談起喬布斯的逝世，很多「果粉」均表示「不能接受」。反覆觀看喬布斯生前的每一次演講，看到喬布斯逐漸消瘦的身形，一些網友用「心疼」一詞來形容。「果粉」稱蘋果產品為「喬布斯的蘋果」。一些「果粉」稱，喬布斯的死肯定會削減「果粉」對蘋果產品的期待。在他們看來，喬布斯是一個傳奇，而且不可替代。而有些 IT 從業者認為，喬布斯的死可能會令更多的人關注蘋果產品，並可能帶動 iPhone 4s 的銷量。事實證明，「為了喬布斯（4s）」全球「果粉」搶購 iPhone 4s。一位「果粉」表示，「iPad 可以有二代，但世上永遠不會再有第二個喬布斯，但無論如何，我希望蘋果產品可以延續輝煌！」而一位自稱不能算作「果粉」的先生說：「我喜歡喬布斯這個人勝於喜歡 iPhone……喬布斯的理念，他對創新和完美的苛求，都讓人受益。」

也有人稱喬布斯是最偏執的「果粉」，所謂的「果粉」，最流行的含義是指蘋果公司數碼產品的狂熱愛好者，如果照此定義，身為蘋果掌門人的喬布斯毫無疑問是其中的一員。有人認為，喬布斯是這個世界上獨一無二的，他代表的不是一個人，而是一種精神，這種精神叫創新。他給這個世界帶來的不僅僅是「蘋果」產品，而是一個人們學習的榜樣。顯然，無論是自稱或是被稱作「果粉」的可以簡單分為兩類：一類是喬布斯的「果粉」，這個群體崇拜的是喬布斯的創新精神並帶給用戶革新的技術產品，可以說是因為喬布斯而喜歡蘋果產品；一類是蘋果產品的「果粉」，這個群體膜拜蘋果產品，從而知曉了這位帶給他們「炫耀」的產品的人。

不可否認，喬布斯是真正改變世界、改變我們生活的人，也是罕見的讓全世界人真心共同哀悼的人。雖然他是大富翁，但很少有人談論喬布斯的財富，沒有人仇視他的富。他用自己的頭腦和雙手掙錢，讓所有人心服口服。不論喬布斯是不是有史以來最偉大的商人，但他目前肯定是擁有「粉絲」最多的商人，人們喜歡他並不是因為他賺了多少錢，把握住了什麼樣的機會，也不是他投入了常人難以想像的熱情與專注，而是他身上散發出的感性力量。《紐約客》一篇文章評價說，喬布斯屬於嬉皮士資本家，與維珍航空的布蘭森、美體小鋪的羅迪克是同一類人，他們讓自己的企業變得時髦、酷和感性。

當企業發展到一定規模時，推動企業前進的實際上是信念和目標，而不是框架和工具。而企業家就是體現這一信念，詮釋這一信念的最高「代言人」。

實際上，名人本身被認為是一種品牌，稱之為名人品牌，因為他們能受到專業的管理，他們具有品牌的關聯和特徵（Thomson，2006）。這是一個企業家從幕後走向臺前的時代，媒體傳播在廣度和深度的延伸，使得越來越多的企業家進入公眾視野。此外，我們生存在一個以經濟發展為主導的社會，經濟人物尤其是成功的經濟人物，順理成章地成了社會的風向標，成了人們參照和學習的對象。需要注意的是，企業家名人和消費者的互動不同於面對面的交流，更多的是通過微博、論壇、電視節目等社交媒介產生互動。Ballentine and Martin（2005）確切地表示應該用類社會人際互動理論探討名人通過社交媒體對其他成員的影響正當性。

5. 企業家和消費者之間的類社會互動

如今，企業家早已不再是大眾記憶中那些隱藏在企業幕後的神祕高層。我們看到的更多的是出現在各種高峰論壇、慈善晚宴、頒獎典禮、電視節目、簽名售書等場合上，甚至是在各大社交論壇上與大眾即時互動的真實的個體。有理由相信，在依戀行為方面，類社會關係功能類似於「真實生活」關係。研究已經證明，人們熱衷於瞭解他們感興趣的公眾人物，不僅收集有關他們的瑣事（Ferguson，1992）、日程表或者用錄像機記錄下該人物的電視節目（Rubin and Bantz），而且有時試圖去接觸他們，通過信件或是親自參與（Weiss，1982，1991）。不幸的是，對於類社會互動領域中熱門試圖將這些關係結合他們的生活方面很少有研究涉及（Turner，1990）。實踐已經證明，由於企業家的緣故，使得電視節目收視率上升（例如《贏在中國》）。並且，當喬布斯離去的時候，粉絲表示哀悼並表示不能接受。可以說，在這些個例子中，對類社會人物的依戀反應了對真實人物的依戀過程。

有人懷疑，企業家明星化將使急功近利的短期行為風行，過高的曝光率在提升企業品牌的同時也會帶來品牌風險，甚至有人認為這是「作秀」。但是從某種意義上說，這是一個如何平衡生活和工作的問題。因此，我們看到了喜歡登山並頻繁代言的王石、富有傳奇人生並沉迷網絡游戲的史玉柱、高談闊論的馬雲、混跡於時尚圈的張朝陽、高調爭做慈善的陳光標等企業家的眾生相。到底是一種自我選擇的生活方式，還是懷有商業目的的作秀呢？不可否認的是，這些企業家在他們的個人魅力之外，他們對社會的貢獻與價值構成了他們個人品牌的「含金量」，他們的財富、經歷、業績、甚至是一言一行都在決定著知名度「K線」的起落，他們就是「商業明星」。

可以說，儘管消費者並沒有和企業家面對面的交流接觸，但是通過媒介，企業家和消費者的距離正慢慢縮小。觀眾通過多次的觀看，逐漸對媒體企業家

感到親密性並將他視為親近的朋友，維持單向的友誼（Skumanich and Kintsfather，1998）。儘管許多消費者對企業家的品牌亮相並不買帳，甚至認為是在「作秀」。但不可否認，這些「通過表演者策略性的演出」所引發的觀眾對這一關係的幻想而建立起的聯繫，在很多方面與人際關係的發展相似（Rubin and Mchugh，1987；Auter，1992）。

　　類社會互動理論是關於觀眾對喜歡的人物或角色發展的情感依戀或紐帶，而情感依戀則是來自於觀眾對表演者產生面對面關係的親密幻想（Illusion of Intimacy），進而也會導致觀眾通過寄送書信、搜集紀念品和購買表演者所推薦的商品等行為，企圖去強化此關係（Horton and Wohl，1956）。由此可知，類社會互動存在情感依戀的行為的支持，因此借由類社會互動理論來探討企業家品牌關係的建立是適宜的。

　　此外，社會學中有關人類情感理論為企業家品牌依戀提供了重要的理論支持，為企業家品牌依戀識別出重要的情感形成機制提供理論依據。感情（Affect）、情操（Sentiment）、感受（Feeling）、心境（Mood）、表情（Expressiveness）和情感（Emotion）等這些術語經常交錯使用來描述某種具體的感情性狀態。本書將沿用 Turner（2000）的做法，將情感（Emotion）這個術語作為核心概念，用其他的詞彙來描述情感的變化形式。本書的目的——從理論上解釋依戀情感的發生——試圖回答下面這些基本的但是複雜的問題：什麼樣的社會條件將喚醒什麼樣的情感，這些情感將對依戀產生什麼樣的效應？

　　本書作為跨學科研究，涉及的概念橫跨了社會學、營銷學和心理學等研究領域，為了便於討論本書所涉及的問題，這裡需要對幾個關鍵概念進行界定。

（1）類社會互動

　　Horton 和 Wohl（1956）最早提出類社會互動概念，用以說明表演者與觀眾之間相互交流的一種假象。表演者借助一些自我呈現方式，巧妙地讓觀眾進入節目的情節和內在的社會關係，並借此潛移默化地轉變成觀看和參與的團體，而當表演者越是呈現得像是因觀眾的反應進行演出，觀眾越是傾向回之以預期的反應。最後，他們將類社會互動定義為「對媒介名人面對面關係的幻想」（Horton and Wohl，1982），而將此一互動所形成的觀眾與表演者表面看似面對面的關係稱為類社會關係。Rubin，Perse 和 Powell（1985）提出，類社會互動就是媒介使用者通過媒介使用的人際涉入而形成。

　　具體而言：電視名人借助使用非面對面環境裡可以反應人際傳播和引起互動回應的對話形態和姿勢激發觀眾的類社會涉入。通過製作技巧促進親密感。此類社會關係是由媒介和人物的真實接近程度、頻次以及人物出現的一致性、

既定的行為和人物的對話方式以及有效使用電視的既定特性等因子的結合產生。這些因素的結合讓人物成為觀眾不具威脅性且美好的夥伴。

Horton 和 Wohl（1956）認為類社會和可能成為真實社會兩者間仍是程度上而非類型上的差異，最主要的不同在於類社會缺乏實際的有效互動（Effective Reciprocity）。觀眾通過多次的觀看，逐漸對媒體名人感到親密性並將他視為親近的朋友，維持單向的友誼（Skumanich and Kintsfather, 1998）。而這些通過表演者策略性的演出所引發的觀眾對這一關係的幻想而建立起的關係，在很多方面與人際間關係的發展相似（Rubin and Mchugh, 1987；Auter, 1992）。

由於媒介方式的網絡化，傳統意義上的表演者和觀眾已經今非昔比。Horton 和 Wohl（1982）最終將類社會互動定義為「對媒介名人面對面關係的幻想」，類社會互動形成的觀眾與表演者表面看似面對面的關係即為類社會關係。

（2）自我

心理學上的自我研究，主要是關於人們認識和感受自己的方式。James（1890）是最早認識到二元性的心理學家之一。他建議用主我（I）和賓我（me）來區分自我的兩個方面。主我指代自我中積極知覺、思考的部分，賓我指代自我中被注意、思考或知覺的客體。自我既是認識和感受的主體也是認識和感受的客體。

自我在互動中具有認知和情感的兩方面力量（Turner, 2000）。在研究自我認知或自我覺知時，James（1890）相信存在總是與自我有關的特定的情感，他將其稱為自我滿足和自我不滿。關於自我概念的分類，不同的學者有不同的觀點。最初，James（1890）將自我概念分為四類：可達到的自我（可能自我）、理想自我、應該成為的自我和不想成為的自我。20 世紀 40 年代，羅杰斯等人詳細闡述了自我概念，區分了實際感覺到的自我（真實自我）和作為理想中的自我（理想自我）。Siegy 等人（2000）將自我概念分為真實自我、理想自我、社會自我和理想社會自我。而 JohnC. Moven 和 Miehael Minor（2001）在 Sirgy 等人的分類之外還提出了期望自我、情景自我和聯結自我。Jonathon D. Brown（2004）則將自我概念分為理想自我、可達到的自我、應該成為的自我和不想成為的自我。在不同的情境下，消費者可能選擇不同的自我的概念來指導他的行為。例如，就某些日用消費品來說，消費者的購買行為可能以真實自我來參考，對於某些炫耀性產品，他們則可能以理想自我概念來指導其行為。

(3) 自我和諧

自我和諧（Self-Congruence）是 C. R. Rogers 人格理論中最重要的概念之一，它與心理病理學和心理治療過程有著密切的關係。根據 Rogers 的觀點，自我是個體的現象領域中（包括個體對外界及自己的知覺）與自身有關的知覺與意義（Rogers，1959）。同時，個體有著維持各種自我知覺間的一致性以及協調自我與經驗之間關係的技能，而且「個體所採取的行為大多數都與其自我觀念相一致」。如果個體體驗到自我與經驗之間存在差距，就會出現內心的緊張和紛擾，即一種「不和諧」的狀態。個體為了維持其自我概念就會採取各種各樣的防禦反應（Rogers，1959），並因而為心理障礙的出現提供了基礎。

「自我形象一致性（Self-Image Congruence）」「自我一致性（Self Congruence）」「Self-Congruity」和「Image Congruence」在消費者行為文獻中常常交換使用。本書用「Self Congruence」（自我和諧）作為核心用語。自我和諧指的是消費者的「自我概念」（真實自我，理想自我，社會自我，理想社會自我等）和給定產品、品牌、門店等的使用者形象（或個性）之間的匹配（Sirgy，1990；Sirgy，1982，1985；Sirgy, Grzeskowiak and Su，2005；Sirgy, Grewal and Mangleburg，2000；Sirgy and Su，2000）。表達自我的動機常常驅使消費者購買產品和服務（Sirgy，1986）。

(4) 情感

學術界對於情感的界定由於研究視角不同而一直不能統一。從生物學的視角來看，情感包括身體系統的變化——自主神經系統、骨骼系統、內分泌系統、神經遞質和刺激神經激活的激素。這些系統啓動並部署有機體具體的行為方式（Turner，1996a，1999a，2000a）。從認知的角度來看，情感是對自我以及環境中客體的有意識的感受。從文化的觀點來看，情感是人們對某種特定的生理喚醒狀態的命名與詞彙標籤。Thoits（1990）試圖將不同的觀點進行統一，提出用四種獨立的成分來描述情感的這種不確定性：情景線索、生理變化、文化標籤、表達姿態，並且給出了這四種成分內在關聯、交互影響，如圖 1.1 所示。

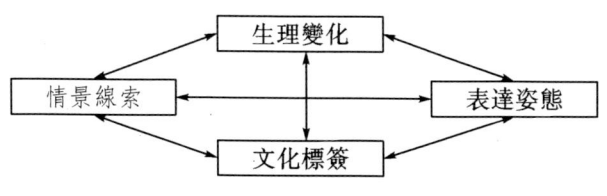

圖 1.1　Thoits（1990）的情感成分

雖然 Thoits（1990）給出了情感的成分，但是簡單地描述這些情感成分並不能清晰地定義情感。因此本書沿用 Turner（2000）的處理，試圖從情感的變化形式與類型上來理解而不是定義情感。感情（Affect）、情操（Sentiment）、感受（Feeling）、心境（Mood）、表情（Expressiveness）和情感（Emotion）等這些術語經常交錯使用來描述某種具體的感情性狀態。本書將情感（Emotion）這個術語作為核心概念，用其他的詞彙來描述情感的變化形式。

（4）企業家品牌依戀

Schultz（1989）最早將依戀理論從心理學領域正式引入營銷領域的研究。他認為，依戀在本質上不是消費者個人或消費者對象所具有的特性，而是兩者的交叉或聯合。Ball 和 Tasaki（1992）則從認知的角度關注消費者的自我和依戀的關係。Buttle 和 Adlaigan（1998）則從顧客價值觀和組織價值觀角度探討依戀。Parlk 等人（2006）則聚焦消費者——品牌關係層面，認為品牌依戀是聯結消費者自身和品牌之間的認知和情感紐帶的強度。這個定義包括兩個獨特的要素：第一，品牌同消費者自身之間的關聯；第二，品牌同消費者之間的認知和情感紐帶，消費者會自動喚醒有關品牌的記憶和思想。中國學者董大海等人（2009）則對營銷情景中的消費者依戀界定為：依戀是聯結消費者與特定消費者對象（企業、產品、品牌等）的具有認知（Cognitive）、情感（Affective）和意動（Conative）特性的心理紐帶。為什麼將依戀界定為「心理紐帶」而非「關係紐帶」？董大海等人（2009）進一步指出原因有兩點：第一，儘管依戀最初是描述人際關係的，也具有關係特徵，但其本質卻是一種心理現象；第二，關係紐帶與依戀的建立機制不同。關係紐帶由經濟紐帶、社會紐帶和結構紐帶構成，這些關係紐帶是基於顧客和企業的交互是否滿足其需求而建立的，而依戀的建立主要基於情感及安全動機。

當大眾認可企業家個人品質和風格，也就是說當企業家個人品牌已經可以與知名運動員、娛樂人士等相比擬時，企業家本身就已經成為明星。成為明星的企業家，不僅成為自身和其企業的背書，還可以為其他品牌做代言。因此，本人涉及的企業家品牌兼具名人與品牌的效應。消費者對企業家品牌依戀既是一種人物依戀關係也是一種品牌依戀關係，本書參考依戀和品牌依戀的概念，試圖對企業家品牌依戀進行如下定義：聯繫企業家個人品牌和消費者自身的認知和情感紐帶的強度。這個定義同樣包含兩個獨特而根本的要素：第一，企業家品牌和消費者自身的聯結；第二，認知和情感紐帶，自動喚醒有關企業家的思想和情感。本書認為企業家品牌依戀既是心理紐帶，也是關係紐帶，因為情感的形成既有生物性也有社會性，其目的是指向關係發展的。

基於以上分析，本書形成的思路即從交易需要的視角出發，找到消費者自我到企業家品牌依戀之間的仲介變量；從仲介變量的作用機理出發，找到影響消費者自我——企業家品牌依戀關係的調節因素。

二、研究的理論意義及現實價值

企業家品牌通過作用於投資者、企業員工和消費者的心智，與企業品牌存在著互動關係。消費者作為社會公眾的壓力集團中的明確群體，對於企業家個人品牌的回應越來越顯著。

Malhotra（1998）認為品牌個性是一個理想的自我；Keller（1993）認為品牌個性傾向於提供一個象徵性的或者自我表達的功能；還有的學者認為品牌個性與品牌形象和品牌聲譽是一個意思，指的是一個品牌的外在面貌，其特質幾乎和人的特質一樣。研究消費者自我和企業家品牌個性的匹配及其對企業家品牌依戀的情感路線的影響具有重要的理論價值和現實意義。具體如下：

1. 理論價值

本書是關於企業家品牌依戀的情感機制研究，這個問題涉及社會學、心理學和管理學等諸多領域。如果從心理學的角度來看，企業家品牌依戀是與自我相關的一種情感。社會學中有關人類情感理論為企業家品牌情感依戀提供了重要的理論支持，為企業家品牌依戀識別出重要的情感形成機制提供理論依據。根據前人的研究，人類的情感包括：基本情感和複合情感。顯然，人類的基本情感是先天具有的，而複合情感則會受到文化等因素的影響。社會學家研究情感，目的是探討感情性行為發生時以及人們在社會互動中，文化和社會結構在情感和認知上的效應。Turner認為，人類的主導事務是證明自我，情感發生的許多動力機制都圍繞著這些自我證明的加工過程。本書沿著這個思路，主要考察交易需要（如證明自我）對情感喚醒的效應。

自我包括認知和情感兩個維度的內容，在人際互動的過程中得到展現，並且因為人際互動受到互動雙方表現和接收到的姿勢的調節，所以在人際互動過程中包括大量的協商。因為自我始終伴隨著互動過程，人們總是希望他們對於自我的觀念，能夠得到證明。事實上，互動過程是由互動雙方自我的交互呈現和作為觀眾時證實這種自我呈現的意願共同主導的。當然，心理學（James，1884，1890）、哲學（Mead，1934）和社會學（Cooley，1902）等學科都具有論證自我在處於人類事務中心位置的傳統，並且這個傳統被當代的符號互動主義者（Strker，1980，2004；Burke，1991）和擬劇論研究取向（Gofman，1959）進一步發展。

理解和預測交易情景中消費者對於品牌的反應是營銷中的一個根本性的問題。已有的營銷文獻對企業家品牌的研究主要集中於消費者對企業家的態度方面。而研究表明，態度和行為之間的關係是複雜並且依情況而變的（Sheppard, Hartwick and Wsrshaw, 1988）。此外，態度本身可能展示出暫時的不穩定（Cohen and Reed, 2006；Wilson and Hodges, 1992），態度是來自認知和情感的簡單的評價。態度本身已經不能解釋消費者對企業家品牌的種種反應——自發形成企業家粉絲、偶像崇拜、原諒企業家犯錯的意願以及企業家品牌的積極捲入等。態度似乎和評價更相關，並不是強烈的、熱烈的、含有強烈品牌關係的情緒交織的情感，而營銷人員恰恰希望培養消費者同企業家品牌之間的長期關係。基於此，營銷研究者提出了「依戀」構念，認為並證明依戀構念是一個更高階的構念（Park and Priester, 2006；Mikulincer and Shaver, 2005；Hazan and Shaver, 1994）。相對於品牌態度以及其他反應，依戀能提供新穎的視角來探析更高階的結果。

過去，營銷界已有不少的研究將依戀理論引入營銷研究，尤其是消費者品牌關係研究中（Fournier, 2005；Lumina S. Albert Leonard M. Horowitz, 2009；Thomson et al., 2005），並且嘗試研究名人品牌依戀（Lucia Malär et al., 2011；Gayle S. Stever, 2011；Thomson, 2006；Jasmina Lliicic and Cynthia M. Webster,；Maltby John, Houran James, McCutcheon Lynn E., 2003）。研究證明，個體會同那些滿足他們需求的品牌形成依戀，具體通過滿足自我（體驗消費）、實現自我（功能消費）和豐富自我（象徵性消費）。也就是說，過去的研究是從認知層面對品牌依戀進行剖析的。從品牌依戀本身的含義來講，學者們一致認為依戀是與自我相關的關於認知和情感的紐帶。此外，因為自我在互動中具有認知和情感兩方面的力量，與自我相關的認知總是具有情感色調的，並且受到情感的控制。所以針對消費者自我的角度，從情感層面研究依戀形成符合依戀研究的主線。遺憾的是，鮮有文獻從情感的層面研究企業家品牌依戀的形成。

這為本研究留下了研究空間。因此，本研究探討消費者自我和諧（真實自我一致／理想自我一致）對企業家品牌依戀的情感形成機理，這是一次嶄新的研究嘗試。通過本研究，我們將主要回答以下一些問題：企業家品牌個性和消費者自我概念（真實自我／理想自我）的匹配，即自我和諧將如何影響企業家品牌依戀？不同類型的自我和諧在情感層面上會產生什麼樣的仲介情感？並且，既然消費者是在類社會互動中形成企業家品牌依戀，那麼類社會互動涉入度會如何影響不同類型的自我和諧和企業家品牌依戀之間的關係。對以上問題

的探討，研究成果將不僅豐富和發展依戀理論，也將是對企業家品牌理論的有益補充。

現實意義：從營銷實踐來看，如何通過展示不同的企業家品牌個性來提升消費者-企業家品牌依戀是企業家品牌化的重要議題。關於這一點，目前既缺乏相關的理論指導，也沒有豐富的實踐經驗為管理企業家品牌提供示範。人類在社會生活中人與人之間的互動過程具有非常明顯的表演特性，我們是為在他人心目中塑造一個自己所希望的印象而表演。可以說，過去企業家幾乎清一色地展示出成功而優秀的一面，這種「千人一面」的做派給消費者的印象並不具有差異性，消費者能記下的並且形成情感認同的畢竟是極少數。如今，我們看到了喜歡登山並頻繁代言的王石、富有傳奇人生並沉迷網絡游戲的史玉柱、高談闊論而外形有些「怪異」的馬雲、混跡於時尚圈的張朝陽、高調爭做慈善的陳光標等企業家的眾生相。這到底是一種自我選擇的生活方式，還是懷有商業目的的作秀呢？不管怎樣，消費者看到了，理解了，並且在心裡有些「愛上」了。對此，大多數企業家並不清楚這其中的原因，從而也就沒有辦法通過管理其品牌屬性來提升其品牌依戀強度。

為此，本研究可以幫助企業家團隊更加深入地理解：對於不同的消費者自我概念，不同的企業家品牌個性帶來的情感影響是怎樣的？這些情感分別對企業家品牌依戀會產生怎樣的影響？從而幫助企業家品牌更好地進行品牌宣傳和展示，影響類社會互動涉入度來促進品牌依戀強度的提升。

三、研究方法

本書探討的企業家品牌依戀是一種潛藏於無意識中的心理概念，更重要的是消費者自我的一種心理結構。因此，在類社會互動關係中考察如此複雜的社會現象必須通過觀察、訪談等定性研究才能做到，這就決定了本書在選取研究方法時將採用定量和定性相結合的方法。本書的研究方法主要有文獻分析法、問卷調查法和訪談法等。具體如下：

（一）文獻分析方法

本書通過文獻研究逐步縮小研究範圍，明晰所要研究的具體問題以及理論實踐背景，跟蹤學術前沿，遵循一定的研究方法，形成基本觀點。由於本書涉及的概念較多，這些概念的界定大都源於社會學和心理學的經典論述。關於情感依戀，社會學和心理學有非常多的研究成果，也有一些學者將依戀理論研究消費者品牌關係問題，但是這些研究都是基於認知的視角對依戀的前因和結果進行分析，缺乏從情感的角度進行深入地挖掘。本書將對這些文獻進行梳理，

嘗試提出自己的研究框架。本研究從理論和實證兩方面，論證不同的自我概念下會產生不同的情感，從而形成依戀。顯然，文獻整理的好壞直接與實證研究過程和結果相關。

(二) 實驗法與問卷調查法

本研究通過實驗設計，操作自我和諧、情感及涉入度等控制變量，借助問卷來進行數據搜集。本研究借鑑前人的研究成果，問卷的問題是在梳理理論回顧部分，圍繞研究變量——消費者自我概念、情感以及企業家品牌依戀——加以操作化的基礎上形成的。在對數據進行技術處理的過程中主要使用因子分析方法。探索性因子分析的作用在於尋求數據的基本結構。探索性因子分析得到的結果可以作為後續分析的基礎。在此基礎上，再做驗證性因子分析，驗證基本模型、調節模型和仲介模型。本研究使用 SPSS 17.0 作為統計工具對數據進行分析。

(三) 訪談和觀察

訪談和觀察也是本書手機資料的重要方式，依戀情感作為一種伴隨終生的情感涉及人們的主觀感受，因此必須參與其中，共同體驗才能更為準確地把握和判斷研究對象的真實狀態。

第二章 品牌與依戀

第一節 品牌與企業家精神理論

品牌和企業家精神的研究長期以工業公司為主要關注點。在過往的文獻中，企業家精神、創新和品牌被描述為行業產品觀點。在富有創造力的組織中，企業家精神通常與「英雄」聯繫在一起。這種觀點根植於由工業革命引發的工業思維模式，最近幾年來關於企業家精神的研究才慢慢開始關注新型和小型企業。一些理論研究把企業家精神和智力資產結合起來。智力資產包括專利、版權、組織解決方案（Organizational Solutions）以及品牌。所有這些構成了企業家精神行為的重要工具。在這些資產被合理保護的條件下，它們能為企業帶來競爭優勢。在管理學相關的文獻中，品牌在全球化市場中被視為越來越重要的經濟和戰略資源，一個商標被認為具有巨大的價值。

一、企業家精神

什麼是企業家精神？誰能被稱為企業家？他們在哪些地方更為活躍？這些問題看似簡單，但是關於它的回答是多層面的。雖然，在經濟體中企業家和企業家功能被認為是合作和議價，但企業家在經濟理論中仍是一個讓人捉摸不透的形象。關於誰是企業家？企業家們的主要工作是哪些？經濟學家們仍然沒有統一的解釋。在非經濟學家中關於企業家的解釋就更加多樣了。

企業家理論可以基於他們對企業貢獻的特性進行分類。這些分類強調企業家作為①改革創新者；②識別未被他人發現的獲利性機會的人；③在有著巨大不確定性的條件下做出決策的人；④協調者。近來的研究多針對這些被識別的功能進行變體或者是分析性提煉的研究，也有一些學者選擇把它們聯繫在一起。我們也可以把這些理論分為注重個人（如企業家）和注重功能與過程

（如企業家精神）。最近關於企業家精神的研究在不斷深化中，也獲得了一些認可。這個領域的研究將會分為多個理論分支，為了簡化，我們把這些理論分為「商學院」方法和「熊彼特」方法。

「商學院」方法。此方法基於大量的慣例，研究者包括 Birch（1976），Gartner（1988），Davidsson（1990），Delmar（1996）以及 GEM（全球企業家精神監測）（2008）。這個理論分支通過對企業家精神的態度、新公司的數量、自我雇傭的層級以及現有公司的成長性的測量來使得企業家精神可操作化。實際中存在一個這樣的問題：這些慣例與經濟理論通常在具有不確定性的組織層級來測量企業家精神。另外，這個理論沒有涵蓋上市公司的企業家精神，這些都超出了它的測量能力。這個方法的優勢在於所需的測量數據比較簡單易得，由此產生了許多科學性文章。

「熊彼特」方法。這個方法從功能性角度定義企業家精神，它代表著出現新事物。根據熊彼特的觀點，創新的概念包括引進新產品，改進技術，打開新市場和新的原材料來源地以及引進新品牌。企業家精神因此被定義為做任何一件不同以往的、有所改變的事。企業家，從它的定義來說就是推動和執行創新。當一項創新成功後，它會被其他企業家模仿，最終導致經濟增長。當新興事物變為常規事物，企業家精神的作用會被侵蝕和削弱，這說明這項作用有時限性。「熊彼特」法最大的優勢在於它強調創新，這成了一項重要的指標，並且它可以在現存的公司中獲得。這個理論還區分了經濟對於創新的理解，但在實證研究的操作上取得合適的微觀、中觀和宏觀數據比較困難。儘管如此，許多現代研究還是基於熊彼特的理論。

二、管理學文獻中的品牌理論回顧

品牌最早於 1870 年出現在專利藥物和菸草產品上（Low and Fullerton, 1994）。關於品牌為什麼在那個時代產生的原因主要有：①工業化和城市化；②商標保護的提高；③大量出現的廣告；④零售商的現代化；⑤統一包裝。這些因素使得大型企業出現品牌的需求性和可能性都大大提高，最初從美國開始之後貫穿於整個工業化世界。19 世紀 80 年代和 90 年代，許多著名商標在美國出現。在這之後，Heniz 和 Coca Cola 首次雇傭廣告公司幫助他們建立增長（量）和經濟轉型（質）。

管理學文獻中從企業導向和消費者導向兩個角度定義品牌。美國市場聯合會 AMA 的定義是基於企業導向的，品牌被定義為：一種名稱、標誌、象徵和設計或是它們的組合體，其目的是為了使自己的產品區別於競爭對手。消費者

導向的定義：對某一消費者購買的一系列特性的承諾。這些特性組成的品牌可能是真實的，也可能是錯覺；可能是理性的，也可能是感性的；可能是有形的，也可能是無形的。第一種定義可以與一些硬性數據指標相關，比如專利使用。第二種定義更注重從質量上理解品牌對消費者的意義。

品牌理論很重要的一個方面是品牌對消費者的價值。品牌可以被視作代表提供了超過產品本身的某種特定的消費者價值。對於消費者價值的一般定義是：它代表著消費者感知到的收益福利水平和消費這項物品或服務所付出的成本的差額。但是，價值很難被準確測量，因為其包含著很高的主觀成分；它也是動態的、不斷發展和變化的。品牌代表著使本企業產品不同於競爭對手的主要機會（Wood, 2000）。Aaker（1991）則認為強勢品牌可以提高盈利能力，更好的分銷渠道和產品線延伸。

三、品牌：不同的理論視角

商標通常被描述為產品或公司的品質證明。品牌可以被表達為一個詞語、一個獨一無二的標誌或一個公認的概念。品牌有優點也有缺點。我們可以從生產者和消費者的不同視角以及不同的經濟理論角度來看待品牌現象（Uggla, 2003）。

1. 靜態理論

在流行的宏觀經濟理論中，新古典主義模型把品牌視作是市場的不完美。根據這種理論，價格機制只在完全競爭的市場上發揮作用。完全競爭使得公司必須保持成本和價格最低，這被認為是對消費者有利的。靜態理論指的是在一個特定的時點檢驗平衡。比如，關於均衡價格指的是當供應量與需求量相等時的價格。在這種靜態平衡中，不存在增長或收縮，環境條件在所有時期是相同的，而公司也被視作是對外在環境的刺激被動的反應者。在我們的觀點看來，靜態理論可以很好地解釋完全競爭的市場中的價格形成機制。

市場結構特徵由眾多公司決定，但是當產品具有差異化時，公司就能成功地在某一領域主導市場，這就是壟斷競爭。這種市場結構特徵指的是市場上有許多相互競爭的公司，它們銷售相似但不相同的產品給許多消費者。通常有：服裝、洗衣粉、食品和化妝品等。在壟斷競爭的市場中，公司通過建立有利的市場地位使自己的產品區別於同質的競爭對手。其中一個方法就是創造一個有吸引力的品牌。公司為了更高的定價需要一定的壟斷力。但這對消費者來說是一種福利的損失。新古典理論難以解釋消費者對特定品牌的選擇。宏觀經濟學的主流理論把品牌現象視作是對理想市場範式的偏離。靜態理論認為市場的不

完全會導致消費者的福利損失。儘管如此，我們認為和其他現象一樣，對消費者來說品牌現象有好處也有壞處。

2. 動態理論

動態理論試圖解釋隨時間變化的現象。動態模型假設各變量間的關係隨著時間的改變而改變。它的研究目標主要有檢測經濟體或公司通過創造出新的資源、增加滿意度等方式改善以及提高消費者滿意度的能力。從這個理論視角出發，並不是所有的完全競爭狀態是最優的。動態效率有時偏好一些導致靜態非效率的因素。比如，不完全市場中的壟斷或寡頭。熊彼特認為：企業發現創新機會的能力對於企業發展至關重要。公司渴望獲得壟斷地位，這是它們持續發展和革新的動力。當構造出一個新產品或強勢品牌，或者公司失去競爭者，根據壟斷理論，壟斷價格就會固定下來。

在極端情況下，單一企業為整個市場提供某種產品，這意味著產品將有更好的價格和較低的產量。壟斷者不是贏家，而是價格制定者。壟斷者自然而然地會制定使其利潤最大化的價格。這是一個對構建長期壟斷的強大激勵。熊彼特認為，這是專利、商標、版權和設計許可存在的原因之一。這些法律給了公司一個機會，至少是暫時保護他們的壟斷權力。通過品牌建立壟斷市場被看作是逐利的企業家行為。有吸引力的品牌為競爭者建立了一個進入門檻，也為消費者退出設置了障礙。實證研究已經證明，生產者通過建立富有吸引力的品牌可以獲得更多的收入和利潤。一個強勢品牌也是新進入企業成功與現有企業競爭的有力工具。

3. 交易成本理論

從消費者角度應用科斯的交易成本理論研究品牌。1937 年，科斯發表了名為《企業的性質》的論文，這篇論文在特定的企業理論領域引發了真正意義上的革命。他的中心問題是：為什麼企業會存在？為什麼不是所有的合作協同都通過價格機制來達成？科斯的回答是：這是因為交易成本。當我們購買商品或服務時，交易成本會因為各種不同的原因或高或低。科斯認為交易成本可分為搜尋成本、談判成本和締約成本。

科斯的追隨者威廉姆森發展了交易成本理論。在威廉姆森的研究中，交易本身是主要的分析研究單位。科斯和威廉姆森都應用交易成本理論分析供應方。Erik A. Borg 和 Karl Gratzer（2013）創新性地將交易成本理論應用於分析特定的消費者行為。具體地，消費者和企業為了做出正確的決策，需要獲取可靠有用的信息。因此，獲取信息的成本以及交易成本都應該較低，越高的交易成本被認為是越低效的市場交換。這意味著較低的交易成本、可靠的信息和平

穩的市場交換是十分重要的。經濟學家們常常列出一些使得交易成本變高的因素：產品特性、質量、耐用度、擔保和價格。一個重要的因素是產品複雜性。例如，一包鹽是簡單直接的產品，但是諸如家庭保險等就是非常複雜的產品。和一包鹽相比，需要在做出購買決策前評估更多的信息，這也就需要承擔更高的搜尋信息成本或是交易成本。

正如上文提到的，交易成本越低越是理想的狀態。如果從消費者角度考慮品牌，他們可以從中獲得公認的功能性、情感性和自我表達的益處。對品牌的認同是一種情感和認知的過程，它可以減少消費者為了尋找合適的產品和服務所花費的搜尋成本。越長期和越強勢的團體在購買行為中雙方的交流也越多，這可以減少交易中的不確定性。品牌的功能是連接質量與社會地位並提供一種減少不確定性和風險的體驗。總的來說，我們發現生產者和消費者對品牌有不同的意圖，但是它們的共同點在於：更高的收益率和更低的交易成本。

三、品牌和戰略發展

關於品牌和企業家精神的研究有一個共同特性，即都關注戰略。戰略已經成為管理學文獻中非常重要的一個概念，它也被視為是企業生存和成功的重要組成部分。戰略也可以與品牌研究相連接，它有助於我們理解企業家在不同市場上的行為。商標和企業家精神之間的關聯可以通過研究企業家制定和發展戰略的能力來得到驗證。將品牌發展作為戰略的一個方面進行研究的學者有很多（Keller, Aperia and Georgson, 2008; Van Gelder, 2004; De Chernatony, 1997）。

品牌代表著創新、消費者價值，也可被視為一種公司的戰略資源。在品牌的幫助下公司運用戰略開拓不同的市場，這可以說是企業戰略不可或缺的部分，戰略把品牌理論和企業家精神理論整合在一起。品牌創造差異化，通過差異化公司提供的產品和服務。差異化可以保護公司免於競爭，因為差異化可以使消費者產生品牌忠誠從而降低價格敏感度。

從企業家精神角度思考戰略，首先要明白成為企業家的動機和原因會影響戰略選擇。一個人成為企業家有可能是因為他發現或創造了可以長期發展的商業機會，也有可能是因為他缺乏其他的營生手段。企業家精神生成戰略包括兩個主要方面：①企業家是如何發展比較優勢去保護已經被競爭者開發的機會；②企業家如何從不確定信息中發現新的商業機會（Shane, 2003）。通過戰略，企業家可以建立和發展個人品牌，使其不斷完善現代定義中的企業家精神。

第二節　依戀與其他相關理論

已有的對名人依戀的研究主要基於以下幾種理論：Levison，Erikson 等人的生命階段理論，Bowlby 的行為學理論，Bandura 的交叉決定論，等等。

一、生命階段理論與依戀

Erikson（1959）認為，生命的每一個階段都是由危機驅使的。當所有的危機都可以一併解決的時候，健康的自我認同也可以實現了。最新的調查研究發現身分發展融入到了整個成人階段，親密關係、繁殖和正直是身分的子類別（Whitbourne and Connolly，1999）。

在這樣的理論背景下，可以認為對名人的準社會和社會依戀將會隨著被試者所處的生命階段的不同而不同。粉絲群，生命發展的最突出的階段是青春期，成年早期以及成年中期。對於每一個階段，Erikson 都描述成為發展危機。對於青少年，危機是身分辨認混淆（身分同彌散）；對於成人早期，危機是親密關係同分離；對於成年人中期，危機是繁殖同自我專注。Levinson's（1986）的階段理論擴大了階段的思想為階段過渡。在重要的發展接縫，過渡期導向下一階段。一次過渡是評價過去思考未來的機會。

身分危機中的青少年尋求榜樣進行模仿。尤其是對於那些在家庭裡面找不到榜樣的青少年來說，媒體提供了很多名人，滿足了期望的任何身分的榜樣。無論年輕人是陷入逆反、社會運動還是慈善事業，潛在榜樣比比皆是。

對於那些在親密與孤立的危機中掙扎的年輕人來說，媒體和名人對於這個階段的人起著重要作用。Erikson（1959）認為，如果親密關係沒有實現的話，將會陷入孤獨。如果家庭生活成員流動頻繁，父母離異以及家庭破裂，年輕人將會感到日益的孤獨。很多人認為對名人的依戀和親密感比他們經歷的孤獨感更好。正如一位 28 歲的女性說的那樣，間接的戀愛總比沒有戀愛強。愛情小說為什麼吃香就是一個例證。經歷某場戀愛，即便可能不是真實的，也能得到某種程度上的滿足。Levinson（1986）提到「30 歲過渡」，那個時候成年人要為下一步的生活做打算。如果一個真實的關係還沒有建立，一些粉絲決定發展一些親社會關係作為他們的基本生活結構。Levinson 指出，這包括「我很滿足」，當他或她開始下一段生活時。粉絲寧可追求並不真實的東西，也不要沒有戀愛的生活。到中年，粉絲會面臨很多獨特的情況。一些粉絲可能會使用粉

絲行動作為對於失去青春的再體驗方式。

　　Erikson（1959）認為，如果前一個發展階段的某個危機沒有解決，它將在後一個階段重現。因此，如果有了健康的自我認同，親密關係的影響就會超過孤獨，身分不會彌散，繁殖不會影響自我專注。中年人可能會重新面臨親密危機。運用 Erikson 理論中的弗洛伊德的精神分析法，這種退化是一種自我保護機制。Levinson（1986）理論增加了生命階段過渡期的概念。本人已經觀察到，在重要的生命過渡期，人們會去尋求親社會關係。Erikson's（1959）的中年危機稱為繁殖和自我專注的衝突。中年粉絲最有可能參與到由名人發起的慈善活動中。

二、行為學理論和依戀

　　從行為學視角進行探討的主要代表人物是 Bowlby（1969）和 Ainsworth（1978）。和這些思想相關的是 Shaver 等人（1988）的理論，設計成人們的戀愛依戀。Bowlby 最初提出，嬰兒生來有一種本能，使得他們展示那些強化生存的行為。在此思想上，Ainsworth（1978）形成了依戀理論，認為當人們感覺到彼此有強烈的依戀時，尋求親近系統使得他們無論付出生命代價都想和依戀對象在一起。Shaver 等人（1988）提出，這些相同的依戀模式會持續到成人期，塑造成人的親密依戀。Schore（2000）進一步認為，依戀涉及生物心理機制，通過這種機制，這些進程不可避免地影響了生命機體的後一個生命階段的發展。

　　行為理論的突出點在於有關天生的習性：受到人類面孔的吸引。無數的研究支持了這一思想，嬰兒生來就帶有一種傾向：會比專注其他物體更加專注人類的面孔（Muir et al., 1994；Schore, 2000）。這種凝視行為吸引了看護者進而去照料他們。當面孔變得越來越熟悉之後，依戀關係就被加強了（Blehar et al., 1977；Schore, 2000）。

　　對媒體名人的圖片專注越久，就越有可能產生依戀。重要的一點就是：人們生物本能上傾向於對熟悉的人形成依戀（Bowlby, 1969；Muir et al., 1994；Schore, 2000）。當熟悉的對象是一個名人時，很難區分是認識的還是通過媒體熟知的（Restak, 1991）。

三、Bandura 的交叉決定論與依戀

　　在心理學界，對行為受什麼因素影響和決定歷來有不同的看法。

　　個人決定論。持這種觀點的心理學家主張個人內部的本能、需要、驅力、

特質、認知結構等決定人的行為，強調個體單方面的決定因素，忽視了環境對人行為的影響。

環境決定論。主張這種觀點的人，如華生的行為主義及斯金納的激進行為主義認為人是環境的產物，控制了環境就可以控制人的行為。

互動論。這種觀點認為環境和人彼此作為獨立的因素，聯合起來影響和決定行為。

班杜拉不同意上述三種看法。他認為個人和環境的因素並不能獨立發揮作用，兩者是相互決定的，而且人也不能視為獨立於行為之外的原因。他主張行為、環境、個人內在諸因素三者相互影響、交互決定，構成一種三角互動關係。這就是 Bandura（1986）的交叉決定論。班杜拉的「交互決定論」（Reciprocal Determinism）吸收了行為主義、人本主義和認知心理學的部分優點，並批判地指出它們各自不足，具有自己鮮明的特色。班杜拉指出：「行為、人的因素、環境因素實際上是作為相互連接、相互作用的決定因素產生作用的。」班杜拉把交互（Reciprocal）這一概念定義為「事物之間的相互作用」，把決定論（Determinism）定義為「事物影響的產物」。班杜拉在交互決定論中批駁了行為主義者的環境決定論。他們認為行為（B）是受作用於有機體的環境刺激（E）控制的，因此公式為：$B = f(E)$。同時他也反對人本主義者的個人決定論。他們認為本能、驅力和特質等內部事件，驅使有機體按照某些固定的方式行事，即環境取決於個體如何對其發生作用，公式為：$E = f(B)$。

班杜拉還提出相互作用的三種模式：

班杜拉的交互決定論認為環境是決定行為的潛在因素。一是環境確實對行為有影響，甚至產生決定作用的影響。二是這種作用是潛在的，只有環境和人的因素相結合，並且被適當的行為激活時，環境才能發揮這種作用。這種潛在因素包含在行為發生之前或行為發生之後，要具體分析。在行為發生之前，是因為發生在個體周圍包含在環境中的事物往往有一定的規律。人們可以根據他們和環境交往的經驗歸納出這些規律，並預期在什麼情況下會產生什麼結果，借此來調節人們的行為。由於人類能認識環境中事物的規律，所以不一定要直接和事物接觸才可以獲得經驗，他們可以通過觀察別人的行為結果，來調節自己的行為。

人和環境交互決定行為。班杜拉指出：人既不是完全受環境控制的被動反應者；也不是可以為所欲為的完全自由的實體，人與環境是交互決定的。環境中各種外部因素是通過三種主要方式影響自我調節過程的。環境有利於建立自我調節功能，從而建立和發展自我反應的能力。

行為是三者交互的相互作用。環境、人和行為的相互關係和作用，是一種交互決定的過程。在行為內部，人的因素和環境影響是以彼此相連的決定因素產生作用的。這個過程是三者交互的相交作用，不是兩者的連接或兩者之間雙向的相互作用。

第三節　成人情感依戀

一、親密關係與情感依戀

我們一降生就與母親親密接觸，形成親密關係。隨著我們長大，我們開始謀求新的關係紐帶並迴歸一種親密關係。親密行為的原生序列是「抱緊我/放下我/別管我」。離開父母的視野後，這個序列倒過來回到源頭。也就是說，親密關係終其一生。

親密意味著信賴，讓我們在這充滿壓力和陌生人的世界獲得安慰。但是由於種種原因，尋求親密的對象可能沒有回應我們的渴望；無論是出於冷漠或者是忙於現代生計的複雜情況，都會使得我們陷入危險的情感困境。親密關係的喪失會損害人的身體健康，親密關係的質量還會影響人們的心理健康。然而，人類是富有創造才能的物種，如果我們被剝奪了迫切需要的東西，我們的創造精神很快就能驅使我們去找到替代手段。於是，我們尋求替代親密關係來解決問題。我們與人的接觸會因文化局限而受阻。顯然，尋求與親人之外的成人的親密是會造成社會損害的。於是我們就會轉向「物」上，譬如，養寵物或是迷戀某個品牌的產品或服務；或者熱衷社交活動，偶像崇拜等。

Bowlby（1969，1980）認為，成人之間親密關係的處理要追溯到嬰兒期的依戀關係的形成。成人情感依戀的研究始於 Hazan 和 Shaver（1987）。他們研究發現，安全依戀類型的人有浪漫的熱情的愛戀，而較少有極端的無我的、完全奉獻式的愛；迴避依戀類型對應於游戲式的愛；焦慮-矛盾依戀類型的則對應於佔有、依賴式的愛。安全依戀類型常有積極的關係，迴避依戀類型較少有滿意的、親密的關係，焦慮-矛盾依戀類型則與除熱情以外的積極關係的特徵呈現負相關。此外，Feeney 和 Noller（1990）的研究發現，安全依戀類型對與其有親密關係的人相當信任並有充分的自信，不安全依戀類型中的迴避類型主要表現為迴避親密關係，而不安全依戀類型中的焦慮-矛盾類型主要特點是依賴和渴望投入情感中，常常是一種神經質的投入，而非慎重的、朋友式的愛。

二、成人依戀模式

雖然依戀的產生與嬰兒期分不開，但依戀聯結卻是持續存在的。導致一個人對其他人產生一定程度上的依戀的任何行為模式都有個體差異，這種差異可能會持續一個人的一生。實際上，根據 Bowlby 的理論，早期與最初看護人的經歷被孩子們內在化，從而塑造成成人的內在的工作模式，即為以後的家庭之外的關係扮演了一種標準的認知結構。而成年人的工作模式影響了成年人同其他人的交互、親密關係的建立以及人格特質的形成。Bartholomew（1990）已經將 Bowlby（1973）的內在工作模式的概念系統化成一個四種類型的依戀模式（Bartholomew, 1990; Bartholomew and Horowitz, 1991）。四種典型的依戀模式被定義成兩種內在工作模式：一種為自我的內在模式，一種為他人的內在模式。自我模式的積極性牽涉自我可愛以及優秀的程度。然而，他人模式的積極性涉及一個人對至關重要的那個人的可得性和支持的期望。自我模式的消極方面則源自關於親密的焦慮以及為了自尊對他人的依賴。也就是說，他人模式的消極面是對親密的迴避。安全依戀的人對自我和他人有一種積極的看法，然而，矛盾依戀的個體則對自己有消極的看法，但是對他人卻是積極的看法。具體地，迴避依戀被分成兩種性質不同的類型：排斥依戀和恐懼依戀。排斥依戀型的人們對自我有積極的看法，將自己看作是適應性強的，不需要別人的人，但是對別人卻有消極的看法。然而，恐懼依戀型的個體無論是對自我還是對別人都是持消極的看法。

表 2.1　　　　　　　　　　成人依戀模式

他人的內在模式 \ 自我的內在模式	積極	消極
積極	安全依戀	矛盾依戀
消極	排斥依戀	恐懼依戀

根據資料整理

對於每一種依戀模式，具體情形與嬰兒期的依戀關係的形成密不可分。父母對子女反覆無常以及冷漠的養育被認為是後者的依戀困難的危險因素（Bifulco, Moran, Ball and Lillie, 2002），並且常常與成人期中沮喪和焦慮失調有關（Bifulco, Brown, Moran, Ball and Campbell, 1998; Harkness and Wildes, 2002）。分離焦慮指的是一種負面的情感，當孩子們和他們的依戀對象分離的時候產生如孤獨、失去以及悲傷的情感（Cassidy and Shaver, 1999）。這個概

念也指一個成長階段，在這個階段孩子經歷由於和看護者分離而引起的焦慮。理論上，嬰兒期的分離焦慮是成長過程中一種很自然的過程，有助於他們的生存（Bowlby，1969）。Bowlby認為，嬰兒經歷與看護者的分離會有一些行為特徵，例如，哭泣、追趕和呼喚。發怒的目的就是為了制止分離，希望繼續保持和看護者的親密狀態。由於這種親密尋求行為，嬰兒會增加他們的生存機會。

Bowlby（1973）提出，嬰兒成長過程中會習得依戀、分離和重聚。因此，他認為焦慮和害怕遺棄是依戀形成背後的主導力量。當一種依戀關係受到威脅或者依戀對象並不總是可以依戀的時候，常常導致不安全依戀。學者認為矛盾依戀的兒童常常害怕孤單一人和身處危險中，因為對於他們的需求，他們的看護者是靠不住的（Bowlby，1973；Cassidy and Shaver，1999；Kerns, Abraham, Schlegelmilch and Morgan，2007）。然而，迴避依戀的兒童學會不去期待來自看護者的安慰，因此，將悲痛埋藏在心底，將產生抵觸的情緒以及困惑（Grteenberg，1999）。由於不一致的以及衝突的雙重交互，矛盾依戀的兒童往往被長期的渴望得到滿足的焦慮所壓倒（Cassidy and Shaver，1999）。另一方面，根據焦慮的病理模型（Chorpita and Barlow，1998），具有矛盾依戀的兒童會形成自治的認知，這種自治在分離時由於父母親的不耐煩受到阻礙。這類孩子也許會感到環境是不可控的，由於他們的父母的不可預知的行為。父母親的這種輕視的行為是迴避依戀的原因，而迴避依戀會導致孩子間的負面的自我評價（Cassidy，1999；Rohner，2004）。

三、消費情景中依戀的內涵

研究表明，將依戀理論應用於營銷情景是可行的（Schultz et al.，1989）。消費者能對禮物、收藏品、居住地、產品、品牌、名人和其他特定類型或喜歡的對象形成依戀（Hill, Ronald P. and Mark Stamery，1990；Mick, David Glen and Michelle DeMoss，1990；Slater and Jan S.，2000）。儘管對人和物的依戀在某些方面有所不同，但依戀的基本特徵和效果是很相似的（Park et al.，2006）。此外，在對消費者—品牌關係的研究中，Fournier（2005）提出15種消費者品牌關係的類型，並且認為依戀是「所有強勢品牌關係的核心」。承諾的夥伴關係、私人關係和親密的朋友關係等出現了較高的依戀感，而奴役關係、既定的密切關係和便利的密切關係等則出現了較低的依戀感。很顯然，在Fournier看來，依戀是較7個維度更高一級的區分消費者——品牌關係的構念。

學術界對依戀理論的研究主要基於兩個視角：個體差異視角和關係視角。心理學家和精神病理學專家多從個體差異視角研究依戀理論。但Park等人

(2006)認為，個體差異視角的研究對營銷者的意義不是很大，因為消費者個性特質是難以影響的。相應地，營銷角度應該從關係視角來研究，因為消費者關係是可以培育的。但是，依戀本質上確實是一種心理現象。Ball等人指出，依戀是消費者利用消費對象，這些消費對象可能是已經擁有的、期望擁有或者曾經擁有的，來支持其自我概念的程度。Buttle和Adlaigan則認為，依戀是建立在顧客與組織價值觀一致性基礎上的一系列心理紐帶。也有一些學者從關係營銷出發，研究消費者與品牌的關係，提出品牌依戀的構念（Thach and Janeen，2006；Park et al.，2006），認為品牌依戀是連接消費者自身和品牌之間的認知和情感紐帶。當品牌與自我相一致時，這種情感本質上是一種「熱烈的情感」，而這種情感會激發消費者對品牌的渴望以及得到它的滿意、不能得到的沮喪、可能失去的悲傷並期望再次得到它。除了認知和情感特性外，姜岩和董大海（2007）還提出，依戀還具有意動特性，也即強烈的動機和行為傾向性。在營銷情境下，具有強烈依戀的消費者更傾向於向消費對象傾註時間、精力、金錢等資源，也會產生溢價購買、缺貨時暫緩購買、傳播正向口碑、積極參與到企業的品牌社區等較高層次的行為反應。

四、依戀風格與消費者行為

借用Bartholomew（1990，1991）的觀點，四種典型的依戀模式被定義成兩種內在工作模式：一種為自我的內在模式，一種為他人的內在模式。對於消費行為的研究可謂是浩若繁星，其中道德消費行為和從眾消費行為典型地受到依戀風格的影響。

（一）道德消費行為

近十年來在世界範圍內興起了一種新的消費方式——道德消費（Ethical Consumption），這種消費及其生活方式儘管在目前尚處於起步和萌芽階段，但它為全球市場經濟的發展指出了新的方向——道德市場經濟（Moral Market）。道德消費是針對消費者而言的，與其相對的有一個詞語叫「道德營銷」。無論是對於消費者還是營銷人員，不道德的行為和信念會破壞交易進程（Morgan and Hunt，1994）。儘管很多研究已經證明，消費者對於商業和營銷實踐的感知是十分重要的，但卻忽視了消費者的道德。然而，消費者的道德信念和行為對於市場體制的良好運行具有重要的意義（Hunt and Vitell，1986；Muncy and Vitell，1992；Vitell et al.，1991）。

過去，研究者對於道德行為的研究基本是平行的研究路線，也就是說，將營銷者和消費者道德行為割裂開來進行研究。近年來也有研究者提出同時考慮

營銷者和消費者的道德信念和行為（Lumina S. Albert Leonard M. Horowitz, 2009）。然而，在市場決策情境中，什麼是不道德的信念和行為呢？研究者對這個問題的回答分歧比較大。例如，一般認為偷盜是不道德的行為。但是，對於辦公資源的私用，例如，上班時間用郵件或電話來和朋友或家人溝通，或者是拿辦公用品給孩子（Ferrell and Gresham, 1985）等是否是不道德的行為則意見不統一。這種分歧與「道德」的普遍意義和具體意義之間的分歧是一致的。

同樣的差異也存在於對於消費者道德決策情形的界定。消費者購買產品或服務的同時也即表明了他們的道德信念。雖然普遍認為，入店行竊是不道德的，但是對於消費者默默接受一個對他們有利的算錯的帳單是否不道德則意見不統一。總之，這種模糊性使得正常的商業運作受到困擾，甚至有時候會造成相當大的經濟損失。儘管這種模糊性給營銷實踐造成困擾，但鮮有研究者考察個體道德信念和行為的決定因子。

一方面，由於市場行為絕大部分是人際間的，我們可以期望它是部分地和個人感知他人的形象相關。也就是說，如果一個人視別人為友好的、支持的和關心他人的，那麼這個人就有理由保護、公平對待別人的利益關係。但是如果這個人視別人是冷漠的、自我的、剝削的和沒有同情心的，那麼這個人就有理由保護他或她自己的利益。因此，相對於那些有著恐懼和排斥依戀類型的人（消極的他人形象），有著安全和矛盾依戀類型（積極的他人形象）的人應該展示出較強的道德價值。

另一方面，我們也期望市場中的道德行為和個人的自我形象相關。有利的自我形象隱含著對堅定地支持自己的信念和價值觀的自信。因此，那些有著安全和排斥依戀類型的人們——理論上說，擁有最良好的自我形象（最大的自信）——應展示最強大的信任他人。安全依戀類型的人們應該堅定支持他們的對他人的積極看法。然而，那些排斥拒絕依戀的人們應該堅定地持有他們對他人消極的看法。也就是說，一個有著排斥依戀性的人看上去似乎更有可能剝奪、欺騙或者是作弊（無論是經理還是消費者），部分上是因為對其他人的感知是負面的，一個有著安全依戀的人將似乎較少去剝奪、欺騙或者作弊，因為對其他人的感知是正面的。

基於以上分析，可以推導出：安全依戀類型和道德行為是最積極相關的，矛盾依戀型相關性次之；排斥依戀型和道德行為是最負相關，恐懼依戀型次之。

(二) 從眾消費行為

對於大多數人而言，他人對自己的看法和他人對待自己的方式是我們行為

的最有效影響源之一（Baumeister，1982）。被同伴拒絕對於兒童而言是一種災難性的事件，因為這意味著這個兒童將沒有辦法獲得社會歸屬與社會激勵這兩種人類基本需要的滿足。被自己的父母或者其他看護人拒絕將是一種更加糟糕的情況，它會在兒童的社會心理發展過程中留下永久的烙印。相反，在兒童早期的發展中，被社會接納則意味著能獲得精心養育、安撫、安全和諸如視頻等其他一些強化物。因此，通過與作為行為結果的食品和安全等產生聯繫，社會認可構成了一個強有力的獎賞；而被社會拒絕則構成了一種強有力的懲罰。

　　與他人意見的不一致，即作為一個偏離者，通常會受到令人恐懼的社會疏遠。因此，通常我們選擇「隨大流」。當我們為了被他人所接受，避免被他人所拒絕而按照他人方式行動時，我們就經歷了規範性社會影響（Morton Deutsch and Harold Gerard，1955）。規範性影響包括在表面上採納某一團體的主導標準或者規範，尋求獲得（或者避免失去）來自規範界定團體的正向情感——喜歡、尊敬和接納。

　　與規範性影響相伴隨的是信息性影響。因為我們任何人不具有在任何不同情境中如何行動的全部信息。因此，我們需要求助於他人來獲得相關信息。當我們在一個新的情境中不能確定應該做什麼時，我們就需要「附和」他人，依靠那些知識更加豐富的人來指導。費斯廷格在社會比較理論中提到，人們有評價自己的觀念和態度進而確認它們正確性的基本需要。堅信自己行為和信念的正確性或適當性，會使人們獲得能對自我命運進行自主控制的可靠感和對自身能力的滿意感。費斯廷格指出，就信念和社會行為而言，「正確性」是一個非常主觀的概念。這種正確性是由社會現實所界定的，它並不是絕對客觀的。換句話說，他人的想法和行為常常是我們衡量社會方面正確性的標準。也正是這種對正確性的需要的推動，人們開始去注意他人的信念和行為——尤其當人們處在一個新的或者是不確定的社會背景中時。

　　因此，可以推斷：安全依戀的個體將更易受到信息性社會的影響，目的是對知識的獲取；而不安全依戀（排斥、矛盾和恐懼依戀）的個體將更易受到規範性社會的影響，目的是獲得社會支持。

　　成人對親密關係的尋求終其一生，母嬰依戀形成的內在工作模式會影響人們的消費行為（例如，道德消費和從眾消費），這些探討是基於依戀特質的個體性差異的基礎上進行。其中，道德消費由於無法準確一致地界定具體的道德行為，只能從程度上進行推斷，而從眾消費的分析則在個體特質差異的基礎上進行了拓展，也即社會影響的力量是如何影響個體的行為。當然，以上的基於依戀角度對消費行為的分析得出的命題還需要進行進一步的實證研究。

第三章　企業家品牌依戀以及相關理論文獻回顧

　　營銷界已經普遍接受這樣的觀點：消費者會同產品品牌形成關聯。但是鮮有研究探討消費者同名人品牌的獨特關聯，例如，企業家品牌。從公眾的角度來看，社會公眾對名人的關注表明了其對名人價值－情感的認同（岳曉東，1999），這種認同是在漫長的類社會互動中形成的（Rubin and Perse，1987）。在與名人的類社會互動中，認同者可以從中得到情感宣洩、情感寄託、行為示範等方面的溢出。對於企業家名人而言，這樣的溢出帶來的社會效應也許更為驚人。一方面，企業家一直被認為是企業品牌的重要塑造者和影響者（Bagheri and Mehdi，2010），企業家品牌對企業品牌起著重要作用（Gaines，2000；Mazur，1999；Sauerhaft and Atkins，1989）。原因在於企業品牌化的過程中，企業領導者給企業品牌注入了他們的精神、價值觀和人格化特徵，這些都會成為企業家品牌發展的奠基石（Rode and Vallaster，2005）。在眾多影響企業品牌形象的因素中，企業家具有無與倫比的優勢，簡直就是天生的「意見領袖」（Gillin，2007）或者「超級代言人」（Experian Hitwise，2007）。企業家的行為對企業家個人的形象以及企業品牌造成重大的影響，最終影響了消費者的產品購買意向（黃靜等，2010；黃靜等，2012）。另一方面，對大眾而言，企業家扮演了非常特殊的角色，可以同時是消費者的偶像、榜樣、愛人、朋友和家人。名人給大眾帶來一定程度的情感影響，帶來愉悅或情感體驗，並伴隨其度過人生許多階段，是個人成長記憶的一部分，也是社會集體記憶的一部分（張嬌，2010）。某個品牌和消費者產生情感共鳴，對於公司來說意味著財務價值（Park et al.，2010；Aambler et al.，2002；Keller，2001）。因為依戀包括經濟的、時間的和精神的成本（Kleine and Baker，2004），也包括可能投資別處的資源承諾（Belk，1988）。

但是目前為止，對於企業家品牌以及企業家品牌依戀方面的法則還沒有厘清，這也是本章的主要目的之一。本章思考了企業家品牌的提出，分析依戀研究的遷移，依戀構念及其與消費者行為的關係，基於類社會互動視角考察了企業家品牌依戀的產生與測量等。此外，本章還回顧了與企業家品牌依戀情感機制直接相關的理論：自我理論和情感理論。最後，對現有的文獻研究進行了述評。

第一節　企業家品牌的提出和概念化

一、作為個人品牌的企業家品牌

在營銷中，術語「品牌」一般應用於公司、產品或服務。通過品牌背書，品牌和名人之間的合作，在營銷中是比較常見的現象（Erdogan and Baker, 1999）。藝術家、音樂家、首席執行官、醫生、高收入的律師、金融家和其他專業人士都從名人營銷中收益不少（Ketler, 2012）。隨著品牌外延的不斷擴大，名人也能被看作是品牌，因為他們被專業化管理，並且擁有一個品牌附加的屬性和特徵（Thomson, 2006）。名人品牌指的是任何成為營銷溝通目標的著名的人（e. g., Rindova, Pollock and Hayward, 2006；Thomson, 2006）。任何領域的名人都可以進行包裝，製造個人品牌（Rein, 2006）。個人品牌是以個人為載體，易為受眾感知的影響以及對目標受眾形成的獨特、鮮明的印象（Montoya, 2003；Hance, 2002；McNally, 2002）。個人品牌是市場溝通的主體（Rindova, Pollock and Hayward, 2006）。

在當今時代，企業家不再單純是企業品牌的幕後操縱者，而是與社會、消費者以及其他社會組織緊密聯繫在一起，開始從幕後走向前臺。這些財富的創造者們逐漸認識到，個人在公眾中的知名度不但是對自身社會價值的肯定，也是對企業品牌的重要補充。作為企業品牌的塑造者，企業家無疑成為自身和企業品牌的代言人，成為品牌的企業家是企業傳播繼產品層級和企業層級之後，更深層次的品牌傳播需求。企業家作為一種品牌是因為企業家可以被專業化運作，同時可以具有額外聯想和品牌特性（Franziska Bendisch, 2008）。因此，企業家品牌是個人品牌的一種獨特形式，是以企業家為載體的個人品牌。並且，企業家可以作為個人品牌已經逐漸得到人們的認可（Shepperd, 2005）。品牌可以從產品層面、組織層面、個人層面和符號層面進行識別，企業家品牌可以看作是品牌在個人層面的操作化定義之一（Thomson, 2006）。

二、企業家品牌的概念化

根據凱勒（Kevin Keller，1998）對品牌的定義，品牌是扎根於消費者腦海中對某些東西的感知實體。該定義從消費者視角詮釋了品牌，品牌是消費者的，真正的品牌一定是具有人性化的（黃靜，2008）。品牌能發聲和不能發聲的部分只是用來區分不同的生產者，真正讓消費者動心的是品牌的內涵，即品牌個性、品牌氣質和品牌形象等。也就是說，品牌可以根據被感知質量、形象等而定義。消費者同名人的關聯通過品牌的體驗得以形成，影響消費者的認知、偏好以及他們代言的品牌的選擇（Aaker，1991）。名人品牌關聯是對名人屬性、代言廣告、代言品牌、代言屬性以及消費者同名人本身的經歷等的感知（例如，親筆簽名，粉絲俱樂部，媒體文章和博客）（Jasmina Ilicic and Cynthia M. Webster，2010）。

根據牛津辭典對形象的定義，形象是指個人、組織或產品給大眾的印象，是人或事物看起來在腦海中所呈現的畫面。具體來說，形象是一種對人、事和物的觀念、感覺、判斷、喜好、態度的總和，反應了其個人的主觀成分（陳木村，1994）。因此，形象是主體和客體相互作用的結果，不僅包括主體影響客體的方式，也包括客體對主體的感知。

在企業家形象研究的文獻中，常常提到形象、印象和聲譽（Coombs，2001）。對於形象的定義，主要包括兩個方面：企業家或組織在公眾面前所投射的寬廣的印象（Cheney，1992）；公眾腦海當中對某一對象所持有的總體印象的感知（Dichter，1985）。結合起來，可定義為：公眾對一個人、一個群體或組織總體印象的感知，受該人、該群體或該組織言語和行為的影響（Benoit and Brinson，1999）。由此可見，形象和印象常被作為同義使用；類似地，形象管理與印象管理也常被同義使用。形象管理是人們有意或無意（Schlenker，1980）地嘗試著影響他人對自己印象感知的過程（Rosenfeld，Giacalone and Riordan，1995）。而聲譽是一種驅動力（Hutton，2001），由一系列的屬性和價值（如公司的責任心、誠信等）組成，這些屬性和價值能夠喚起人們對公司形象的感知。也有學者認為形象、印象和聲譽之間的區別主要在於時間（Hooghiemstra，2000），形象代表暫時的感知，而聲譽代表持續的、隨時間推移不會發生變化的感知（Gray and Balmer，1998；Rindova，1997）。儘管如此，從根本上來講，他們都在強調個體或公眾對組織的總體認知或感知。

目前研究大多將形象、印象和聲譽作為同義處理。Newsom，Scott 和 VanSlyke（1989）認為，形象是個體或公眾對一個人或組織的總體感知，它不

是一幅圖畫，也不代表細節，只是對眾多屬性的模糊感知。因此，企業家形象就是公眾或消費者對企業家眾多屬性的模糊感知，受企業家言語和行為的影響。一項複雜的研究表明，在公眾心目中，因企業家與消費者並非是直接互動，心理距離比較遠，故識解水平理論（Construal Level Theory）認為（Yaacov and Nira，2007）：消費者通常對企業家形象進行抽象的整體評價（Miller et al.，1986）。

基於以上分析，企業家品牌可以沿用 Keller（1998）的品牌定義方式，基於消費者角度的企業家品牌可以定義為「消費者對企業家的個性、形象、代言的廣告、代言的品牌以及消費者同企業家本身的經歷（例如，親筆簽名，媒體文章，博客以及參與電視節目等）的感知」。

第二節　依戀構念及其與消費行為的關係

一、依戀研究的遷移

依戀理論起源於母嬰研究。Bowlby 認為，嬰兒生來就具有一種生理系統，允許個體同重要的他人形成親密的情感紐帶。依戀的形成有著深刻的生物根源，人類面對現實可能的威脅和危險時會產生對看護人的親近以獲得安全感，這是一種本能的反應。也就是說，依戀情感的產生既是一種選擇的體驗，更是一種生物性的驅使。

心理學主要關注依戀類型的個體差異，這種對特定個體產生強烈的情感依戀滿足了一種人類的基本需求，並且在成人階段中的戀愛關係（Hazan and Shaver，1994）、親屬關係和朋友關係（Trinke and Bartholomew，1997）、宗教信仰關係（Jonathan T. Hart et al.，2010）中得以繼續。這種親密關係提供了一系列的對身體和心理的安全保護，同時也刺激了情感的管制和健康的開發（Mikulincer and Shaver，2005；Berman and Sperling，1994）。

過去幾十年中，依戀理論在社會和發展研究中已經有了非常重要的影響（Roisman et al.，2007）。1989 年，營銷學者 Schultz 題為「個人-所有物依戀的實證研究」的博士論文的問世標誌著依戀理論從心理學領域進入到消費者行為研究之中。隨後的相關研究表明，消費者不僅會對所有物（Schultz et al.，1989；Ball and Tasaki，1992）產生依戀，而且會對地點（Williams et al.，1992）、產品（Schifferstein et al.，2004）、品牌（Park et al.，2006；Thomson et al.，2005）以及其他特定類型或者喜歡的對象（Schultz et al.，1989）形成

依戀。

中國學者姜岩、董大海（2009）歸納了依戀理論研究從心理學向營銷學領域演進的路徑，本書在此基礎上進一步明晰了不同領域依戀形成的基礎，如圖3.1所示。

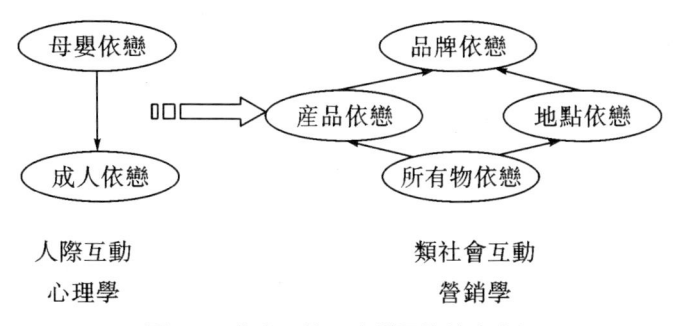

```
母嬰依戀 ──→        品牌依戀
   │          ⇒    ↗        ↖
   ↓         產品依戀 ── 地點依戀
成人依戀              ↖    ↗
                    所有物依戀

人際互動              類社會互動
 心理學                營銷學
```

圖3.1 依戀理論研究議題的轉移路徑

資料來源：姜岩，董大海. 品牌依戀的概念構建及其理論發展［J］. 心理科學進展，2008，16（4）：606-617. 本研究稍作修改

從圖3.1我們可以得知，雖然業家品牌依戀的研究起源於母嬰依戀，但是與母嬰依戀不同的是，企業家品牌依戀是基於類社會互動中形成並發展的。換句話說，企業家品牌依戀是類社會互動關係的一種表現形式，這和名人崇拜是相同的（Lorraine Sheridan, John Maltby and Raphael Gillett, 2006）。

二、依戀與態度、承諾、捲入度和愛

依戀與態度。首先，兩者的概念不同。依戀指的是自我與重要他人形成的情感紐帶；而態度為指向某個目標的一般性的行為傾向。其次，兩者和行為之間的解釋關係是有差異的。儘管很多理論探討了態度的創建，然而，態度和行為之間的關係是複雜的並且是依情況而變化的（Sheppard, Hartwick and Warshaw, 1988；Miller and Tesser, 1989）。研究表明，當態度是有利的並且是強烈的時候，此時的態度和行為聯繫最為緊密（Petty and Cacioppo, 1986；Eagly and Chaiken, 1993；Cohen and Reed, 2006）。此外，態度本身可能展示出不穩定（Wilson and Hodge, 1992），是認識和情感的簡單的評價，而不是指導行為的豐富的評價解釋（Cohen and Reed, 2006）。態度構念被設計解釋態度和購買之間的聯繫，卻不能反應對未來購買的承諾——滿意度、溢價購買、有利的口碑傳播、不被新產品促銷誘惑、原諒品牌犯錯的意願以及品牌社區的積極捲入。並且，對於態度強度構念應該如何測量還有困惑（Wegener et al., 1995）。而依戀能解釋更高階的消費者反應（Thomson, MacInnis and Park, 2005；Park and MacInnis，2006），包括品牌態度、偏好、意向、滿意度、忠誠度、品牌社區捲入度、溢價購買等。而這些行為對於關係營銷是很關鍵的。因此，在消費者-品牌關係的研究中，依戀是一個比態度更加合適解釋的更高階的和關係營銷相關的構念（Park et al., 2007）。消費者-品牌關係的強度層級圖（如圖3.2所示）可以很清晰地瞭解到這些構念與依戀的異同。

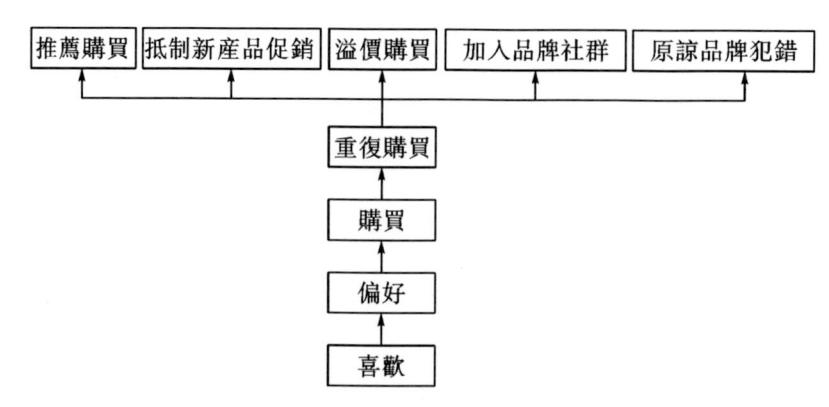

```
推薦購買  抵制新產品促銷  溢價購買  加入品牌社群  原諒品牌犯錯
              ↑
          重復購買
              ↑
           購買
              ↑
           偏好
              ↑
           喜歡
```

圖3.2　消費者—品牌關係的強度層級圖

資料來源：根據Park，C.W.，MacInnis D.J.，Prester，J.R.「Brand Attachment and Management of a Strategic Exemplar」，In：Schmitt B H，ed. Handbook of Brand Experience Management. MA：Elgar Publishing，2007，1-36；Park，C.W.，MacInnis D.J.，Prester，J.R. Beyond Attitudes：Attachment and Consumer Behavior［J］. Seoul Journal Business，2006，12（2）：3-35. 整理而成

依戀與承諾。營銷情景中，承諾是根據未來對該品牌保持忠誠的傾向（Ahluwalia，Unnava and Burnkarnt，2000；Moorman，Zaltman and Deshpande，1992）。在品牌關係中，承諾是依戀的結果變量。依戀導致承諾，而反過來則不行。品牌依戀反應的是一個消費者的心理狀態（強烈的自我品牌關聯和關於品牌的思想和情感的自動出現），而品牌承諾反應的是從事維持一段品牌關係的行為。承諾維持一段關係，但原因也許和依戀不相干。例如，個體也許對於一個品牌做出承諾，僅僅由於是缺乏競爭性的替代品或是出於對該公司或其銷售人員的某種程度上的道德或契約上的義務，又或者是由於不確定性利益的干擾。不基於依戀的承諾將沒有強烈的自我品牌關聯和品牌記憶的自動出現，因此也不能預知更高階的基於關係的行為。

依戀與品牌捲入。依戀對於捲入度既不是必要條件也不是充分條件。消費者可能當他們根本就沒有形成依戀或是只有少許的依戀的時候就捲入到品牌中。並且，對品牌的依戀很顯然同情感有關，然而，捲入度毫無疑問是同認知領域相關（Thompson et al., 2004）。捲入同後果和渴望避免的風險有關，收集

信息來減少風險。相比之下，依戀是品牌同自我的關聯，有動機處理信息來保持這種情感紐帶。

依戀與愛。近年來，品牌至愛也得到了一定的關注。毫無疑問，大多數愛的典型的特徵（例如，信任、關心、誠實、友誼等）也是強烈依戀的典型特徵。然而，愛是一種代表依戀紐帶的情感，而非依戀紐帶本身。當依戀目標出現的時候，人們也許感受到愛，依戀則不僅僅包含這種情感（Park et al., 2006）。此外，品牌至愛指的是在滿意的情況下產生的依戀，依戀的產生則不一定是滿意的。

三、品牌依戀的概念模型

Schultz（1989）首次將依戀理論引入到營銷領域，認為依戀在本質上不是消費者個人或消費對象所具有的特性，而是兩者的交叉或融合。總的來講，學術界對依戀理論的研究主要來自於心理學和營銷學文獻，其中，心理學文獻有關依戀的研究多從個體差異視角將依戀作為一個個體差異變量參與研究（姜岩，董大海，2007）。而營銷視角的研究（Belk，1988；Kleine, Kleine and Kernan，1989，1993；Mehta and Belk，1991）主要基於關係視角，因為依戀理論認為依戀會內化成一種工作模式影響終身。也就是說，依戀關係可以擴展到母嬰依戀之外的關係中。研究表明，消費者能同禮物（Mick and DeMoss，1990）、收藏品（Slater，2000），居住地（Hill and Stamey，1990），品牌（Schouten and McAlexander，1995）以及其他的特定的喜愛的對象（Ball and Tasaki，1992；Wallendorf and Arnould，1988；Richins，1994）和名人（O'Guinn，1991）、運動團隊（Babad，1987）形成依戀。儘管對人物的依戀不同於對物體的依戀，根本的概念屬性和依戀的行為影響被假定為是類似的。

過去十多年，學術界和實踐界致力於消費者關係研究。其中一個分支是依戀和愛等情感的研究（Carroll and Ahuvia，2006），這是所有強烈品牌關係的核心（Fournier，1998）。Fournier（1998）表達了15種消費者品牌關係。然而，這些關係是根據包括愛、承諾、親密性和激情維度進行描述的，Fournier（1998）提出，依戀情感存在於「所有強烈的品牌關係的核心」。一些關係，例如，承諾夥伴、最佳朋友、秘密的豔遇，通過依戀的高層次表現出來，然而其他的情況，例如，認為安排的婚姻，基於利害關係的婚姻，有可能是低層次依戀。因此，依戀滿足了一個有效地更高階的構念，區分了Founier提出的各種關係。Park等人（2006）對過往文獻中有關品牌依戀的概念屬性、原因變量、心理和行為反應進行了歸納總結，具體如圖3.3所示。

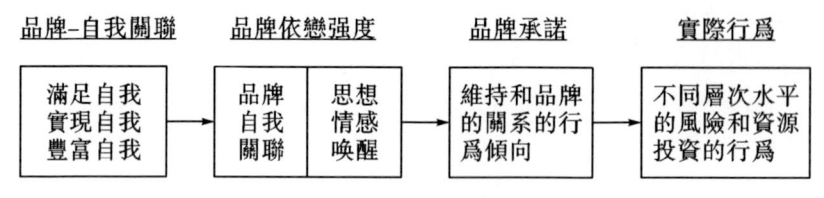

```
品牌-自我關聯        品牌依戀強度        品牌承諾          實際行為
┌─────────┐      ┌────┬────┐      ┌─────────┐    ┌─────────┐
│ 滿足自我 │      │品牌│思想│      │維持和品牌│    │不同層次水平│
│ 實現自我 │ ───▶ │自我│情感│ ───▶ │的關係的行│───▶│的風險和資源│
│ 豐富自我 │      │關聯│喚醒│      │為傾向    │    │投資的行為 │
└─────────┘      └────┴────┘      └─────────┘    └─────────┘
```

圖 3.3　品牌依戀概念模型

資料來源：Park, C.W., MacInnis D.J., Prester, J., Attachment and Consumer Behavior [J]. Seoul Journal of Business, 2006, 12（2）：3-35. 作者稍作整理

　　根據 Park 等人（2006）的觀點，品牌依戀是聯繫品牌和自身的認知和情感紐帶的強度。這個定義強調兩點：第一，品牌和自身之間的關聯；第二，品牌優勢凸顯。同嬰兒從他們的看護人那裡對他們需求滿足的回應從而形成依戀一樣，個體會同那些滿足他們需求的品牌形成依戀。具體而言，個體會同那些滿足他們需求的品牌形成依戀，具體包括滿足自我（體驗消費）、實現自我（功能消費）和豐富自我（象徵性消費）。

　　但是並非所有的消費都能滿足這些自我相關的需求，僅僅當一個品牌同自我建立了強烈的聯繫，依戀才會形成。強烈的品牌自我關聯是逐步形成的，是來自真實的或是想像的個人體驗，這些體驗創建了自傳式的記憶、個人化的意義和信任。並且，聯繫品牌同自我的紐帶既是認知方面的也是情感的。品牌的個人化的體驗和自傳式的記憶喚起豐富的認知圖解（Berman and Sperling, 1994），是和自我中的個性化的因素聯繫在一起的。因為他們是內在的自我相關，有強烈的自我含義，因此，品牌同自我的聯繫也是情感的（Mikulincer and Shaver, 2005）。由於和自我相關聯，這種情感隱含著「熱烈的感情」（Mikulincer et al., 2001；Ball and Tasaki, 1992；Thomson, MacInnis and Park, 2005）。這種熱烈的情感引發了對該品牌的渴望，獲得該品牌的滿足感，不能獲得該品牌而產生的挫敗感，有可能失去該品牌而產生的恐懼感，完全失去該品牌的悲傷感以及希望未來能重新擁有該品牌。

　　品牌同自我聯繫的認知和情感紐帶的強度產生兩個效果。首先，與思想和情感相關的品牌變得容易獲取，能自動從記憶中獲取，而不論自我是否被牽涉到（Collins and Read, 1994；Holmes, 2000；Mikulincer et al., 2001）。這種認知和情感反應的自動性很好證明（Bargh et al, 1996；Bargh and Chartrand, 1999）。其次，考慮到它的自我關聯性，品牌變得自我相關，影響個體分配處理該品牌的資源（Holmes, 2000；Berman and Sperling, 1994；Reis and Patrick, 1996）。當提供隱性或顯性的品牌相關的線索時，高的獲得性和更大意願去分

配一個高依戀的品牌資源使得品牌相關的信息（思想和情感）自動地獲取。例如，營銷情景下的依戀可能阻止消費者逃跑（Liljander and Strandvik，1995），在面對負面信息時增加消費者的原諒（Ahluwalia, Unnava and Bumkrant，2001），預測品牌忠誠度和支付意願（Thomson, MacInnis and Park，2005）等。

第三節　企業家品牌依戀的產生

一、名人崇拜與企業家品牌依戀

1. 名人崇拜

名人指的是「為眾人所知的人」（Boorstin, 1964），他們一般是娛樂領域、醫藥、科學、政治、宗教、體育領域的權威，抑或是和其他名人聯繫非常緊密。名人文化與娛樂文化在近幾十年得到廣泛的傳播，人們對於名人的興趣已經超出了普通的喜歡的範疇，甚至到了痴迷著魔的地步（Giles, 2000）。雖然名人崇拜是一個普遍的現象，但是對於名人崇拜的看法並沒有取得一致意見。社會批評家認為人們過度地諂媚流行歌手、電影和電視明星以及職業運動員是極不明智的舉動（Boorstin, 1964; Fishwick, 1969）。Klapp（1962）指出，電影明星已經成為真正的英雄（這類人一般都擁有偉大事跡）的替代品。他還斥責媒體沒有重點強調真正的智慧結晶的重要性，並且抱怨很多高等學府都在以二流或三流的水平來教授學生怎樣邁上成功之路。事實上，圍繞名人的一些活動和生活的報導深刻地影響了一些人。例如，對名人的「二次依戀」為青少年擴展社交網絡——一個以同伴的八卦和討論為主體的第二個「朋友圈」，為將來的成年關係打下一個良好的「鋪墊」（Cohen, 1999）。偶像是青少年探索自我同一性，融入社會的重要媒介，幫助青少年在青春期避免出現的角色混亂，保持心理平衡（岳曉東，2000）。並且，隨著社會媒體終端不斷發展，由於名人越來越多地被報導，似乎名人的生活和觀點就被賦予了更多的價值，這也正是驅使消費者購買名人代言品牌的動機（Christine M. K. and Marla B. R.，2013）。然而，名人崇拜還有一些不恰當的表現，比如，色情狂、跟蹤，涉及信任問題以及培養和保持社交關係的能力（Meloy, 1998）。

社會心理學、社會學、大眾傳播、流行文化還有人類學中的文獻中有不少探討過粉絲和名人之間的活動。心理學家最終將粉絲的行為歸結為病態心理學

研究和對名人的社會依戀，但卻很少提及普通人參與和名人準社會關係的行為。事實上，Maltby, Houran 和 McCutcheon（2002）將名人崇拜概念化為一種有吸收和成癮元素驅動的異常的擬社會關係。普遍認為，名人崇拜是一種遞增現象，也就是名人崇拜會由普通的欣賞一直漸變為一種病態的行為和態度。

2. 名人崇拜與類社會互動

名人崇拜是類社會互動關係的一種更為廣泛的表現形式（Lorraine Sheridan, John Maltby and Raphael Gillett, 2006）。回顧過去的文獻，對於名人崇拜這種類社會互動關係的研究文獻主要集中在兩大領域：心理學和市場營銷學。相對於心理學近年來大量的研究，名人崇拜在市場營銷文獻中受到的關注非常有限（Marylouise Caldwell and Paul Henry, 2005；Christine M. Kowalczyk and Marla B. Royne, 2013）。M Caldwell 和 P Henry（2005）認為名人崇拜和消費者行為之間的關係是不容忽視的。原因有三：其一，名人崇拜無可爭議是消費者品牌關係中獨特的類型，因為名人崇拜支撐了許多具有高利潤回報的買賣關係。名人們在市場營銷活動以及廣告中總是扮演著極為重要的角色，像美國的廣告中出現名人的廣告比率達到了 20%（Solomon, 2009）。其二，研究者日益認識到消費品（例如，品牌、名人等）現今對於加快品牌社區發展的作用十分重要（O'Guinn, 2000）。借助網絡的作用這種組織已經突破了國家和區域的限制。消費者認為這些和自己有相似購買習慣的人組成的全球性網絡極大地豐富了消費者的生活，極大地促進了商品信息的流通。其三，儘管對名人的消費已經極大地滲透進每個人的日常生活，但對於這種消費關係的認識仍然不夠清楚。

岳曉東等人根據崇拜名人的類型將「名人崇拜」的模式分成「三星崇拜」（Tri-Star Worship）、「傑出人物崇拜」（Luminary Worship）（岳曉東，嚴飛，2006）。具體而言，「三星崇拜」（歌星、影星和體壇明星）是一種以人物為核心（Person-Focused）的社會學習和依戀。它以一種頗為直觀的、非理性的、神祕化和神聖化的社會認知來看待偶像人物，對他們實施直接性模仿、全盤性接受和沉湎式依戀。而「傑出人物崇拜」（政經界、科技界和文化界的名人）是一種以特質為核心（Attributes-Focused）的社會學習和依戀，以一種較為理性的、有條件的、相對性的心理認同方式來看待偶像人物。因此，作為一種心理過程，名人崇拜反應的是消費者在自我確認中對名人的社會認同和情感依戀。

類社會互動是正常身分發展的一部分。並且，人類的單邊的、虛擬的社交

互動要比真實的、面對面的雙邊關係要多得多（Lynn E. McCutcheon and John Maltby，2002）。Yue 和 Chueng（2000）發現，年輕人可能同時擁有偶像和榜樣。在選擇自己的偶像時，理想主義、浪漫主義、絕對主義似乎顯得更重要，然而在榜樣的選擇標準中，人們更重視現實主義、理性主義和相對主義。兒童和青少年對於諸如體育明星和流行歌手之類的名人們會表現得非常崇敬（Greene and Adams-Price，1990），但是隨著年齡的增長這種對於偶像和名人的崇拜會減少（Raviv et al.，1996）。然而對於一些成年人來說，名人崇拜顯然已經成為他們生命中一種極具意義的行為現象（Giles，2000；Klapp，1996）

3. 名人依戀與名人崇拜

儘管，目前依戀文獻中鮮有對「名人崇拜」和「名人依戀」進行清楚明確的區分。而對名人崇拜方面的文獻梳理來看，大多認為「名人崇拜」是人們對其喜好人物的社會認同和情感依戀（Giles，2004；Cohen，1999；岳曉東1997）。「名人崇拜」也稱為「偶像崇拜」，偶像是被形象化的人格符號（何小忠，2005），這些被選擇的偶像受到個體或群體的極度尊敬、欽佩和極其欣賞、喜歡或向往；而崇拜指的是一些指向特定人物的心理、情感及由此引發的種種行為表現，例如，對崇拜對象表示出極度尊敬、欽佩、欣賞、喜歡和向往。研究者指出，名人崇拜與自尊存在相關，高自尊的個體易於通過現實自我認同（Similarity Identification）產生崇拜行為，而低自尊的個體易於通過理想自我認同（Wishful Identification）產生名人崇拜。

研究表明，有三分之一的人曾陷入過名人崇拜（Maltby，Houran and McCutcheon，2003）。社會公眾對名人的關注，實際上表達的是對該名人的一種認同，對於其文化價值，尤其是成功的價值的社會認同。名人崇拜研究正是迎合社會發展和現實需要而進行的（李北容，申荷永，2010）。名人崇拜一般都是通過社會互動和類社會互動（Parasocial Interaction）進行，在與名人的類社會互動中，認同者可以從中得到情感寄託、情感宣洩、行為示範等方面的溢出。顯然，「依戀」和「名人崇拜」都是與自我相關的一種情感和認知。

回顧過去的文獻，對於「名人崇拜」這種類社會互動關係的研究文獻主要集中在兩大領域：心理學和市場營銷學。相對於心理學近年來大量的研究，名人崇拜在市場營銷文獻中受到的關注非常有限（Marylouise Caldwell and Paul Henry，2005；Christine M. Kowalczyk and Marla B. Royne，2013）。心理學方面有關「名人崇拜」的研究，多是傾向於病態的行為和態度。然而，迄今為止，雖然名人崇拜的病理學分析符合吸收-成癮模型（Maltby，Houran and McCutcheon，2002），但是迄今為止仍然沒有任何實證表明名人崇拜中確定包含有成癮元素（Lorraine S.，Adrian N.，John M. and Raphael G.，2007）。

二、名人依戀與企業家品牌依戀

Schultz 等人（1989）指出，消費者對所有的消費對象具有或強或弱的依戀。他們將消費者依戀與消費者自我理論聯繫起來，針對依戀的作用機理提出了一些重要的觀點：其一，依戀的形成並非深思熟慮的結果；其二，依戀具有一種自我表達功能；其三，依戀的強弱與消費對象滿足的消費價值有關。

同名人依戀一樣，消費者-企業家品牌的依戀關係是消費關係的一種情感延伸。因為名人品牌依戀也是人際關係研究的一種相關延伸，他們隱含著和人物的關係。儘管市場營銷方面的研究認為，消費關係類似於人際間紐帶（Fournier，1998），但是兩者之間也是有差異的。消費者和企業家的關係不太可能是真正的交互式的，而是類社會互動（Para-Social Relationship）。Thomson（2006）認為，消費者同企業家的關係表明了同其他關係一樣的認知、情感和行為。因此，許多人際間依戀基礎的變量同樣可以應用於企業家品牌。

關於消費者-企業家品牌依戀的影響因素，Thomson 等人（2006）對名人品牌依戀的決定因子進行了實證研究（見圖3.4），其研究思想來自於 Ryan 和 Deci（2000）的 A-R-C 思想。自治（A）、相關（R）和勝任感（C）是基本的人類需求（Ryan and Deci，2000）。這些需求不同於其他的需求，因為它們是普遍的、與生俱來的和持久的。如果一個物體滿足了某人的自治（A）、相關（R）和勝任感（C）的需求，就會導致對該物體的強烈的依戀。然而，實證結果只是驗證了自治和相關同依戀之間的關係，勝任感和依戀之間的關係並不顯著。Jasmina Ilicic 和 Cynthia M. Webster（2010）結合定性和定量的方法探索消費者和某個具體名人品牌之間的關係。研究結果表明，在消費者對名人品牌的知識網絡中，一定存在強的和獨特的名人品牌屬性和屬性關聯。Gayle S. Stever（2011）運用身分與生命週期理論、社會認知理論、依戀理論和依戀模式來探討粉絲和名人之間的類社會和社會關係。他認為，對名人的依戀在成人階段以及向成人轉移的階段扮演了極為重要的作用，名人是成人的榜樣，通過熟悉名人的面容、聲音和行為方式，形成對名人的依戀。

```
    自治
          ↘
    關聯  →  依戀強度
          ↗
    勝任力
```

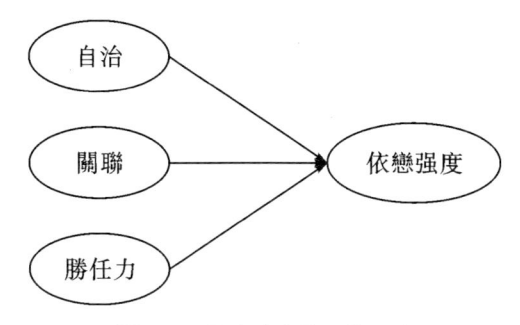

圖 3.4　依戀強度的影響因素

資料來源：Thomson M. Human Brands：Investigating Antecedents to Consumers' Strong Attachments to Celebrities [J]. Journal of Marketing, 2006, 70：104-119.

和喜愛度相比，依戀對於一個個體而言更具重大意義（Thomson，McnInnis and Park，2005）。也就是說，儘管消費者可能喜歡許多名人，他們僅僅會依戀一個或幾個企業家並且在很大程度上願意犧牲和投資在該企業家品牌上。並且研究表明，依戀有助於將對名人品牌的情感有效地轉移到背書品牌上（Yeung and Wyer，2005）。並且，背書品牌和名人品牌之間不必要有高度的匹配度，被強烈依戀的名人品牌就能更大程度上防止入侵（例如，名人涉入醜聞，參見 Knott and St. James，2002）。

第四節　名人品牌依戀測量

隨著對名人品牌依戀的不斷關注，學術界對於名人品牌依戀的測量方法也進行了一些探索。

一、品牌和依戀視角的量表開發

從名人品牌和依戀的角度開發的量表主要有以下四種：

（1）Hazan 和 Shaver（1994）與 Hazan 和 Zeifman（1994）的名人品牌量表

以前的研究已經探明，人們展示分離焦慮的程度是他們依戀紐帶強度的一個很好指標（Berman and Sperling，1994）。也就是說，隨著來自於目標的真實的、想像的或者是受到威脅的分離（例如，死亡和失去），依戀者將會體驗到一種負面的情緒反應，研究者可以用這種負面的情緒反應來測量依戀紐帶的強度。基於此，Hazan 和 Shaver（1994）與 Hazan 和 Zeifman（1994）開發了四

個問項（1=強烈不同意；7=強烈同意）的名人品牌量表（信度系數為0.89），具體為：「如果我離開XYZ的時間不是很長，這樣我感覺會更好一些」「當XYZ不在我周圍的時候，我會想念XYZ」「如果XYZ永遠地離開了我的生活，我會心煩意亂」「永遠地失去XYZ將使我痛苦不堪」。很明顯，該量表是從分離焦慮的角度進行依戀測量的。

（2）Ball和Tasaki（1992）的依戀量表

Ball和Tasaki（1992）開發的量表將消費者依戀視為單維度概念，開發了9個問項量表（Cronbach α = 0.93）：「如果讓我介紹我自己，我會提到XYZ」「XYZ讓我想起我是誰」「認識我的人在想起我的時候，有時可能就會想起XYZ」「如果有人詆毀XYZ，我會感到很生氣」「如果有人攻擊XYZ，我會覺得像是我自己受到了攻擊」「我對XYZ確實沒有太深的感情（反向）」「如果失去了XYZ，我會有失去自我的感覺」「如果有人誇獎XYZ，我會覺得就像誇獎我一樣」「如果沒有了XYZ，我會覺得我不是我自己」。Ball和Tasaki（1992）的量表反應了品牌自我關聯的測量和相關的熱烈的情感的測量，但是並沒有思想或記憶自動性的測量。

（3）Sivadas和Venkatesh（1995）的依戀量表

Sivadas和Venkatesh（1995）開發了四個問項的量表：「我對XYZ沒有感情（反向）」「XYZ讓我多愁善感」「我從情感上依附於XYZ」「XYZ讓我勾起過去的回憶和經歷」。Sivadas和Venkatesh（1995）的量表基本反應的是品牌自我關聯中的熱烈的情感因素。

（4）Thomson，MacInnis和Park（2005）的依戀量表

基於Bowlby的依戀理論，Thomson，MacInnis和Park（2005）從3個維度（感情、激情和關聯）開發依戀量表。該量表包括10個題項，其中感情（Affection）維度包括4個問項（Affectionate、Friendly、Loved和Peaceful）；激情（Passion）包括3個題項（Passionate、Dilighted和Captivated）；關聯包括3個題項（Connected、Bonded和Attached）。該量表取得了較好的信度（0.77），反應的是品牌自我的情感因素。

以上四種量表有單維度考量的也有多維度考量的。由於企業家品牌依戀和名人崇拜一樣都是基於類社會互動過程中產生的，因此，對於類社會互動視角研究文獻中的量表也進行了回顧。

二、類社會互動視角的量表開發

類社會互動視角的名人崇拜量表主要有以下四種：

（1）Rubin，Perse 和 Powell（1985）類社會互動（PSI）量表

Rubin，Perse 和 Powell（1985）研發的具有 20 個問項的擬社會互動 Parasocial Interaction Scale（PSI）量表，是用來測量電視觀眾和新聞主播進行擬社會互動程度的一種量表。因子分析表明這個量表中已近一半的變量都是圍繞著單個因素。這樣的重複問項內容包括有：「這個主播讓我感覺很舒服，似乎我們關係就像朋友之間的關係一樣」「我最喜歡主播就像是我的老朋友一樣」和「我最喜歡的主播……很有吸引力」等。PSI 量表之後被 Rubin 和 McHugh（1987）改造成用來表達最喜愛電視節目演員。測試結果發現，PSI 量表得分高的人傾向於認為他們喜愛的演員具有社交吸引力（r=0.35），並且將觀眾和這些表演者的擬社會關係賦予了極大的價值（r=0.52）。我們發現這些結論特別契合青少年名人偶像（Greene 和 Adams Price，1990）。

（2）Stever（1991）開發的名人吸引力問卷（CAQ）

Stever（1991）開發了名人吸引力問卷 Celebrity Appeal Questionnaire（CAQ），用於「理清和擬社會吸引力有關的結構」。該問卷共 26 個問項分為四個因子：性吸引、英雄/角色榜樣、娛樂、神祕感。前三個因素的得分能夠成功地預測出「粉絲對名人有多忠心」。

（3）Wann（1995）體育粉絲動機量表（SFMS）

Wann（1995）研發了具有 23 個問項的名為體育粉絲動機量表 Sport Fan Motivation Scale（SFMS）。因子分析歸納出體育粉絲的八大動機：自尊、逃避、娛樂、家庭、群體歸屬、審美的、歆人獲得積極壓力（良性應激）或興奮、經濟的。SFMS 量表的總得分和體育粉絲的自我報告相關係數為 0.70，和周邊朋友多大程度是體育粉絲的得分的相關性係數為 0.55。

傳統的這些量表都有一個局限是它們都只能犧牲測量其他類別的名人來達成只測量一種特殊的名人類別（例如，新聞主播、搖滾明星和體育明星）的目的。此外，因子測試是不充分的。基於這個理由，Lynn E. McCutcheon，Rense Lange 和 James Houran（2002）開發了新的名人崇拜量表。

（4）Lynn E. McCutcheon，Rense Lange 和 James Houran（2002）的名人崇拜量表 CWS

通過 Rasch Scaling，Lynn E. McCutcheon，Rense Lange 和 James Houran（2002）開發出了具有 17 個問項的名人崇拜量表 CWS，這個量表有著良好的心理測量學特性和信度（信度在 0.71 到 0.96 內浮動）。而且，經過測試表明還具有很好的結構效度。對於這個量表使用的目標人群方面，運用到名人崇拜水平較高的受試者的測試中時，量表的信度比運用到名人崇拜水平較低的受試

者的測試中的量表的信度要高。此外，這個量表的問項因為性別、年齡、最喜愛的名人的類型、抑或是名人崇拜程度的不同而產生的誤差可以忽略不計。特別要強調的是，量表在運用時沒有名人偏好這一點尤為重要。因為正是基於此，名人崇拜量表才能夠被用來比較。

從以上分析可知，目前學術界對於品牌依戀的維度構成並沒有一致的觀點。有的研究強調品牌依戀的情感成分，認為品牌依戀是一個多維構念；有的研究則強調形成品牌依戀的心理過程，認為它是對依戀對象的一種整體反應，不能分割，傾向於認為品牌依戀是單一維度的構念。

第五節　自我理論綜述

自我是心理學和認知神經科學的中心議題之一。自我與他人的互動是自我發展的重要力量（Decety and Chaminade, 2003），也是社會生活的重要基礎。也就是說，自我的形成是「自我-他人」互動中產生和發展的。因此，自我既是獨特的，同時也是社會性的。在對自我的研究中，由於研究角度不同，自我又分化出幾個重要的構念：角色、自我認同、角色認同、自我概念、自我防禦機制等。圍繞著這些不同的構念的探討又形成了不同的研究領域。在消費者-企業家品牌的互動中，消費者是帶著自我期望進行的，對自我的認知會影響消費者對企業家品牌的情感。

一、自我的結構性認識

日常生活中，我們隨心所欲地使用和談論「我」或「自我」：我想……我要……我看見……我喜歡……。這些表達表明了，我們不僅把自我視為一個統一的、穩定的、一致的和連續的整體，而且將它看成是各種能力、狀態和經驗的承載者和擁有者。然而，當我們表達「我喜歡自己」時，自我以兩種形式出現。我喜歡，我喜歡的人是自己。也就是說人們能夠把自己當作所關注的對象，也就是「鏡像自我」。James（1890）是最先認識到這種二元性的心理學家之一。他建議用主我（I）和賓我（me）來區分自我的兩個方面，主我用來指代自我中積極知覺、思考的部分，賓我用來指代自我中被知覺、思考的客體。

賓我包括自我概念和自尊。心理學家通常使用不同的術語來指代賓我的這兩個方面。自我概念指的是人們思考自己的特定方式，自尊指的是人們感覺自

己的特定方式。一般而言，人們使用「自我」的時候，不僅指代我們如何思考和感覺自己，也指我們進行這些活動時的過程。儘管主我和賓我是自我的兩個重要方面，但是與哲學家重點關注主我不同的是，心理學家更關注賓我的性質。本書涉及的自我主要指代賓我。

1. 自我心理學和人格

自我心理學關注主觀體驗，即人們是如何看到自己的。而人格心理學更關注客觀體驗，即人們實際上是什麼樣的。自我心理學關注我們的自我圖像——我們關於我們自己是什麼樣的人的想法（Rosenberg, 1979）。但是我們的自我圖像未必就是正確的，也許不是我們真正的樣子。但是我們如何看待自己和我們實際的樣子之間有千絲萬縷的聯繫。

（1）我們真正的樣子影響了我們對我們自己的看法。首先，個性影響了我們對自己的看法。例如，智商低的人不會認為自己很聰明。其次，客觀存在限制了我們對自己的看法。儘管如此，並不意味著我們關於自己的想法與實際就是一致的。因為人們往往會高估自己的長處而低估自己的短處。

（2）我們自身的實際情況影響了我們對於我們自己的感覺。先天遺傳的人格會影響自尊：一些嬰兒從出生的那一刻就比其他嬰兒顯得更為抑鬱（Kagan, 1989）；更多地體驗到消極情感的人會對自我有著更為消極的看法（Watson and Clark, 1984）。因此，氣質作為一種人格變量可以影響自尊。

（3）自我是人格的一個方面。人格是一個含義極為廣泛的術語，它涉及個體的整個心理特徵（McCrae and Costa, 1988），自我指示思想和感覺是人格的子集。人們對於自己的看法和感覺是千差萬別的，這些個體差異可以作為人格變量。

（4）人們通常用自我報告法來測量人格。許多人格測量要求人們描述他們對於自己的看法。嚴格意義上，類似這樣的測量是在測量個體關於他們自己印象的看法而不是真實狀況。

總之，自我心理學和人格心理學的取向是截然不同的，但兩者之間的界限往往不是那麼清晰。自我理論認為，人們關於他們自身的想法和感覺將決定他們的行為。

2. 自我心理學和現象學

現象學是人們對於現實的感覺，即世界呈現在個體面前的方式。現象學認為是主觀感覺，而不是客觀世界本身主導了人類的心理。現象學取向存在於格式塔學派關於感覺的理論中。格式塔心理學家認為個體的心理世界與物理世界是不同的（Jonathon D. Brown, 1998）。我們所感知到的與外部世界所客觀存

在的並不一定相同，我們的行為更多地依賴於客觀事物所呈現出來的樣子而非真實的樣子。客觀世界也很重要，但只有在它影響了人們的主觀知覺時才是重要的，這是現象學觀點的實質。

現象學和自我心理學都是著重於事物看上去是什麼樣子而不是它們真實的樣子。也就是說，自我心理學是現象學的，它關注人們對他們自己的樣子的知覺和信念，而不是他們真實的樣子。就像得了厭食症的人，儘管在別人看來她已經很瘦，但是她自己認為自己很胖，還會堅持減肥。

3. 主我和賓我的功能

把自我納入研究促使理論家們確立了自我的多種功能，儘管觀點並沒有完全統一，但是主我和賓我的重要功能已經得到了公認。

主我的功能。首先我們的自我概念把我們和其他事物以及其他人區別開來。其次，自我概念也具有動機和意志功能。意識到一個人相對其他事物和其他人而言是獨立的這一點，是伴隨著發現自己只能掌控一些事物而不是全部這一事實而來的。最後，自我概念也使得我們具備了連續感和統一感。如果沒有這樣的概念，我會認為每一天的我都是不同的。同時，我們感知我們的思維和知覺不是片段的，而是統一的。

賓我的功能。首先，人們關於他們自己的想法在認知功能中占重要的地位（Kelly，1963；Markus，1977）。它們影響著人們對信息的加工和解釋。人們也表現出更善於記憶與他們有關的信息的特點，尤其是那些與他們思考自己時相似的信息（Markus，1977）。其次，人們關於他們自己的想法指引著他們的行為。人們所表現的行為以及他們所選擇的生活方式是受他們對自己的看法影響的（Niedenthal，Cantor and Kihlstrom，1985；Swann，1990）。最後，自我概念具有動機作用。人們可以努力使自己成為自己想要成為的那種人（Markus and Ruvolo，1989）。

二、賓我的性質

賓我用來指代人們關於他們是誰以及他們是什麼樣的想法和感覺。James用術語「經驗自我」來指代人們對於他們自己的各種各樣的看法，也就是所謂的賓我。

1. 經驗自我的三個組成部分

很明顯，賓我（me）和我的（mine）之間的界限很難區分。因此，James將經驗自我的不同組成部分分成三類。

（1）物質自我。物質自我是真實的物體、人和地點。物質自我還可以分

為軀體自我和軀體外自我。Rosenberg（1979）認為軀體外自我是延伸的自我。然而，並不是這些物理實體才構成了物質自我。相反，是我的心理主宰了它們（Scheibe，1985）。這樣一來，自我就是易變的。既然自我是易變的，那麼我們怎麼能說某一實體（軀體外自我）就是自我的一部分呢？詹姆斯認為，我們可以通過考察我們對於這一實體的情感投入來判斷。當實體被表揚或襲擊時，如果我們表現出情感反應，那麼可以斷定該實體是自我的一部分。確定某實體是否是延伸自我的一部分的另一種方式是看我們會如何對它做出反應。首先，當要求人們描述他們自己時，他們往往自然而然地提及他們的所有物（Gordon，1968）。此外，人們也熱衷於聚斂所有物，收藏家就是例證。收藏這些東西並不僅僅因為它們的物質價值；相反，他們代表了自我的重要方面。把所有物當作自我的一部分的傾向將貫穿我們一生。因為：所有物具有象徵功能，他們幫助人們定義自己；所有物及時延伸了自我（Beggan，1992），「人名字母效應」提供了又一個例證。

（2）社會自我。社會自我指的是我們被他人如何看待和承認，詹姆斯用「Social Identities」一次來代替。Deaux 等（1995）區分出五類社會身分：私人關係、種族/宗教、政治傾向、烙印群體以及職業/愛好。某些身分是歸屬特徵，另外一些則是後天獲得的。每一種身分都伴隨著一系列的期望和行為。我們如何看待我們自己在很大程度上取決於我們所扮演的社會角色（Roberts 7 Donahue，1994）。在不同的社會情境中，我們的自我是不同的。

總之，社會自我包括我們所擁有的各種社會地位和我們所扮演的各種社會角色。但從本質上看，它不僅僅只有這些特性，我們如何看待別人對我們的看法更為重要，即我們如何看待別人對我們的評價（Jonathon D. Brown，1998）。

（3）精神自我。精神自我是我們內部自我或我們的心理自我。我們所感知到的能力、態度、情緒、興趣、動機、意見、特質以及願望都是精神自我的組成部分。Jonathon D. Brown（1998）稱精神自我為個人特性，是我們所能感知到的內部的心理品質，代表我們對我們自己的主觀體驗。

2. 對詹姆斯經驗自我的檢驗

Rosenberg（1979）指出，社會身分往往以名詞形式出現，並且把我們置身於一個更為廣闊的社會背景中。相反，個人特性往往以形容詞的形式出現，並且用於把我們與他人區別開來。Gordon（1968）對詹姆斯的分類做了詳細的闡述，並用 8 大類 30 小類編製了一個編碼程序。20 世紀 60 年代，人們關注種族和宗教，因此心理學開始探討集體自我。

此外，人們對於他們身上的各種身分的重視程度具有文化差異。詹姆斯認

為，個人特性比社會身分顯得更為重要。不同的文化有著不同的層次（Markus and Kitayama, 1991）。並且，即便在同一文化中，人們所看重的不同特性也有差異（Dollinger, Preston, O'Brien and Dilalla, 1996）。

McAdams（1996）認為，賓我是在一種個人描述的背景下完成的。個人描述是指個人所構造的關於她生活的故事。包括個人思考自己的方式，個人的記憶、情感和體驗。總之，個人描述使得經驗自我的各個組成部分變得統一和有意義。

三、自我知覺和自我動機

在研究自我知覺時，詹姆斯相信存在總是與自我有關的特定的情感，他將其稱為自我滿足和自我不滿。這些與自我有關的本能的情感包括：驕傲、自負、空虛、自尊、虛榮；謙遜、謙卑、缺乏自信、害羞、恥辱感和個人的失望。並且，人類具有體驗積極情感、避免消極情感的動機。

1. 自我知覺的喚起

人類天生就具有與自我有關的情感，但是這些情感是如何被喚起的呢？詹姆斯認為，我們的自我知覺完全依賴於我們過去的樣子和所做的事情。它是我們的實際能力和我們的潛力之間的比值，即自尊＝成功/自負。除了成就會影響我們的自我知覺外，消極情感也會影響人們的自我知覺。學者們重點探討了羞愧和內疚兩種情感（Tangney and Fischer, 1995; Barrett, 1995; Lazarus, 1991）。總而言之，羞愧感是伴隨著外界的反對和責罵而產生的，而內疚感是因為個體沒能達到他自己的標準而產生的一種更為私人的情感反應。內疚促使個體彌補自己所犯的錯誤，而羞愧使得個體想讓自己在他人面前隱藏自己的不足和缺點。

2. 自我知覺和假定的自我概念

羞愧和內疚之間的差別表明，自我知覺往往被我們關於我們可以、應該或一定要成為什麼樣的人的觀念所左右。這些觀念就是假定的自我概念，總的來說這些假定的自我概念可以分為四類。

（1）可達到的自我。自我觀念中有一些是現實的，這也是 Rosenberg（1979）所提出的承諾自我的某些方面，也是 Markus 等人（1989）提出的可能自我。它們是可以實現的，代表了個體想要或能夠成為的一類人。詹姆斯認為，我們的自我概念與可達到的自我越接近，我們對自我的感覺就越好。

（2）理想自我。理想自我指的是我們所希望成為的那種人。然而，當理想自我變成必須自我的時候，人們就會遇到經神問題，這樣的理想自我意象會

成為心理問題的來源（Blatt，1985）。

（3）應該成為的自我。人們如果發現他們不能成為應該成為的人時就會感到內疚和焦慮。

（4）不想成為的自我。不想成為的自我會讓人們感到害怕，我們現在所認為的自我與擔心成為的自我之間距離越遠，我們的生活就會越幸福。這些潛在的消極自我意象也具有重要的動機功能，它們可以激勵人們努力工作以避免這些消極特性（Oyserman and Markus，1990）。

美國著名心理學家羅杰斯則提出，每個人都有兩個自我：真實自我（Actual Self）和理想自我（Ideal Self）。真實自我指的是個體在現實生活中獲得的真實感覺，理想自我指的是個人對「應當是」或「必須是」等的理想狀態。只有當真實自我和理想自我達到結合的時候，人才能達到真正的自我實現（Self Actualization）。

事實上，詹姆斯的四種分類和羅杰斯的兩種分類所包含的內容是一致的。本研究為了便於考慮，選擇羅杰斯的分類方法，即將自我概念分為「真實自我」和「理想自我」。羅杰斯主張，人格的成長在於充分實現理想自我與真實自我之間的和諧，而兩者之間的衝突會導致人的心理失常和不協調。

3. 自我知覺和社會關係

社會關係構成了自我知覺的另一個重要來源。例如，人們在描述自己的時候往往會順帶捎上其他人，包括自我概念中其他人的表徵（Simth and Henry，1996）。作為自我概念的一部分，其他人也能喚起自我知覺。這種現象在我們所愛的人身上顯得尤為明顯，但是這種結果也會破壞親密關係。

社會關係和自我知覺之間的聯繫也被認為具有動機意義。社會認同理論（Social Identity Theory）認為：社會關係是自我概念中重要的組成成分；人們努力使自我感覺良好；並且，當人們發現自己所屬群體比其他群體更好時感覺會更好，這種傾向被稱為群體內偏好（Imgroup Favoritism）。

總之，自我是一種心理感受性，其根源是主體對自我形象的看法。這在社會心理學研究中包含兩種方式：一是自我認同，二是角色認同。具體到消費環境，解釋「為什麼」的時候，很多研究者強調「人格」的作用。弗洛伊德認為，人格結構有三個組成部分：本我、自我和超我。其中，「本我」是無意識的，「自我」和「超我」也不過只有一小部分在意識中。弗洛伊德的人格結構理論說明，最終表現為意識的人類行為，都是由無意識轉化而來。外在行為是內在精神的結果，是人格向外的投射。很多人類學家也讚同「個人的所屬物」代表其人格的觀點。

除了弗洛伊德的人格理論外,社會行為主義者關於「自我」的觀點也影響著人們的選擇。庫利認為,一個人的自我是由他的人際交往產生的,自我不是通過先個人後社會的途徑產生的,而是交往的辯證產物。為了說明自我的反應特徵,庫利提出「鏡中自我」這一概念。米德認為,「自我」是在社會情景中實現的,嘗試通過「主我」和「賓我」的區別來闡釋「自我」的概念。實際上,自我的實現也可以看作是他們與其他人相區別,在社會情景中,我們通過各種方式實現自我,認同自我。

四、自我和諧(Self-Congruence)

早期的自我和諧理論。早期與自我和諧相關的理論一般與個體的生理基礎有關:如豪爾(Hower)則認為青少年的自我不和諧是青春期生理變化所導致的,由於身與心的不和諧就會引起情緒不穩定和行為怪異,而與社會文化的後天因素沒有關係;安娜·弗洛伊德則將青少年的自我不和諧解釋為內在衝突的結果,是由於青春期生理變化導致人格中的本我、自我、超我三者的關係失調。另外,與自我和諧相關的概念還有精神分析學家 Erikson 針對青少年人格發展的重要任務,提出一個用於表述個體自我一致的心理感受的術語——「自我同一性」。Erikson 認為自我同一性是指青少年對自己的本質、信仰和一生最重要方面前後一致的比較完善的意識,即個人的內部狀態和外部環境的整合和協調一致。所以,個體能形成自我同一性意味著個體人格發展的成熟,在心理上能自主導向,在行動上能自我肯定。Erikson 的自我同一性的標準是獨特性和連續性,具有自我同一性的個體能體驗到自己是不同於其他人的,同時自己的生活又是連續的,過去、現在以及將來的自我都是自己認同的自我。首先,他從自我和諧的結構性角度,認為自我同一性是由生物的、心理的和社會的三方面因素組成的統一體;對於社會,他從適應性角度指出自我同一性是自我對社會環境的適應性反應;對於個體的主觀性問題,他認為自我同一性使人有一種自主的內在一致和連續感;存在性方面,自我同一性給自我提供方向和意義感,實際涉及未來的自我以及理想的自我的問題。而且,Erikson 認為人格的發展就是在不斷與環境的相互作用中形成的個體發展的每個階段的自我同一性的整合。

Lecky 的自我和諧理論。美國學者 Lecky 於 1935 年提出的自我和諧理論主要包含人的內心、統一化原則和內部和諧原則三方面的觀點。人的內心是一個由各種觀念和態度所構成的有組織的動態系統,其核心是個體對自我的看法和觀念。統一化原則是指正常的人格是有選擇地把自身的經驗融合、統一併形成

獨特的人格。而且個體的需求、觀念、態度和目標都是這種融合過程的影響因素。其中，最高程度的統一化是個體能非常投入地實現理想自我，並有效整合經驗，將衝突降到最低。內部和諧原則則是隨著成長過程中各種觀念和態度被融合統一，每個人都逐漸形成自己特有的一個有等級的、整合的自我概念系統，內部的各成分之間沒有嚴重衝突，這就實現了內部和諧，或稱內部一致性。同時，Lecky 也指出適度的「拒絕"和「衝突」對機體是有保護作用的。

Rogers 的自我和諧理論。自我和諧作為 Rogers 人格理論中最重要的組成部分之一的，是指一個人自我觀念中沒有衝突的心理現象，包括了自我內部的協調一致和自我與經驗的一致性。其中，所謂自我與經驗的一致性是指每個人對他自己的看法，包括對理想自我和現實自我的認識以及如何最大限度地實現自我的潛力的看法，這些需要與他實際表現的一致與和諧，因此，Rogers 指出自我和諧就是指現實自我、理想自我和社會自我三者的統一。

自我和諧（Self-Congruence）是 C. R. Rogers 人格理論中最重要的概念之一。Rogers 以現象學的觀點，將人所經歷到的一切稱為「現象場」（Phenomenal Field），其中個人對自己的一切知覺、瞭解和感受，稱為「自我概念」（Self Concept），自我概念是個人在其生活環境中，與周遭人物互動後所綜合的經驗結果。根據 Rongers 的觀點，自我是個體的現象領域中與自身有關的直覺與意義，個體有著維持各種自我知覺間的一致性以及協調自我與經驗之間關係的機能，而且「個體所採取的行為大多數都與其自我概念相一致」。

從 Rogers 對自我和諧的定義可知，自我包括了過去自我、現在自我和未來自我；一個人心理上是否和諧，與其在時間維度上的自我評價即自我概念與經驗之間的一致性密切相關；所以，考察個體在時間維度上自我評價的一致性與連續性對於更好地認識其自我和諧狀態，促進其心理健康有著重要的意義。對於自我和諧，不同心理學家有不同的認識：James（1890）是從他對自我劃分的維度去定義自我和諧的，具體為：個體物質我、精神我、純粹我和社會我的和諧與統一。Moller（2005）則在 Rogers 的自我概念和經驗的統一的定義上進一步指出，自我和諧是理想自我與真實自我的接軌；而且，當個體為逃避衝突脫離自我時，就會造成自我的不和諧。不僅是對定義的認識，不同的心理學家也會從自身構建其理論的需要去理解並構建自我和諧概念。

本書研究的自我和諧，承襲前面對自我的理解，主要包括真實自我與理想自我。人們從小就會有自己模仿或崇拜的對象，這些對象類似於「真實自我」或「理想自我」。它是習得的，是穩定而持久的，也是有目的的。自我意識的目的是用來保護或加強一個人的自我，自我和諧告訴消費者選擇什麼樣的對象

進行模仿或崇拜。而在與依戀互動的過程中，個體的直接經驗若與他人的評價能夠相符，便得到「無條件的積極關注」，如此個體的自我概念是正向的、健康的、會持續朝自我實現的方向前進；反之，若個體的直接經驗與他人的評價不相符，而得「有條件的積極關注」，便會產生心理衝突。

第六節　情感理論綜述

「毫無疑問，人類是最具有情感的動物。我們愛、我們恨；我們陷入極度的沮喪、我們體驗快樂和愉悅；我們還感受到羞愧、內疚和孤單；我們有時正義凜然，有時又復仇心切。」在《人類的情感》一書的開頭，Turner如此飽含深情地描述。最近幾十年來，情感研究已經成為社會學的前沿領域（Turner and Stets, 2005；Stets and Turner, 2006，2007）。

一、情感與情緒

感情（Affect）、情操（Sentiment）、感受（Feeling）、心境（Mood）、表情（Expressiveness）和情感（Emotion）等這些術語經常交錯使用來描述某種具體的感情性狀態。本書重點闡述情緒和情感的異同。

普通心理學認為：「情緒是指伴隨著認知和意識過程產生的對外界事物的態度，是對客觀事物和主體需求之間關係的反應，是以個體的願望和需要為仲介的一種心理活動。情緒包括情緒體驗、情緒行為、情緒喚醒和對刺激物的認知等複雜成分。」同時，普通心理學還認為情緒和情感都是「人對客觀事物所持有的態度體驗」。只是情緒更傾向於個體基本需求慾望上的態度體驗，而情感則更傾向於社會需求慾望上的態度體驗。

生理反應是情緒存在的必要條件，為了證明這一點，心理學家給那些不會產生恐懼和迴避行為的心理病態者注射了腎上腺素，結果這些心理病態者在注射了腎上腺素之後和正常人一樣產生了恐懼，學會了迴避任務。同樣，生理反應也是情感存在的必要條件。

實質上，在行為過程中態度中的情感和情緒的區別在於：情感是指對行為目標的生理評價反應，而情緒是指對行為過程的生理評價反應。具體消費者—企業家品牌依戀中，最終的結果是產生情感，而伴隨著依戀這一過程的起伏消費者又會產生各種各樣的情緒。從生物學方面，一般把情感中像憤怒、悲哀、恐懼等這種短暫地、急遽地發生的強烈的情感稱為情緒，也包括那種即使程度

不強，但相同徵候反覆呈現的狀態或一般情感狀態。

　　社會學家對情感的研究並沒有給情感明確的定義和界限，但在實際研究中確實有所側重的。例如，Gordon（1979）把情感定義為感覺、表現姿勢和文化意義的一種從社會角度建構的模式。瑪貝爾·布雷金認為情感具有四個共同的特徵：第一，情感是一種生理而非心理狀態；第二情感是人類天性中的組成部分，也是社會生活的一部分；第三，情感不是文化；第四，信任和風險不是情感而是感覺。國內社會學家郭景收在《情感社會學：理論·歷史·現實》一書中，將「情感」定義為四個基本維度：情感價值觀、情感行動取向、情感社會關係和情感社會行動。

　　此外，馮特認為，在意識中附著於觀念聯結之上的情感過程一般被稱為情緒。情緒與情感相同的地方在於它們是不直接指向外部物體的主觀過程，不同的地方在於它們包含觀念的變化和運動器官中的反應。這就是說，情感是不易被外部觀察的，或者至少可以說，在它們轉化為情緒時才可以被外部觀察。典型的情緒具有三個階段：原始的情感；修正原始的情感；最終的情感。情緒和情感的主要區別在於第二個階段。這種改變的存在促使我們把情緒分為兩種類型：興奮性情緒和抑制性情緒。前者包括快樂和生氣，後者的例子是恐懼和害怕。強烈的情緒在特徵上都是抑制的。程度不是很強烈的情緒成為心境（Moodness），激烈的情緒有時被稱為激情（Passions）。

　　總的說來，心理學關注情感的生物性過程，社會學則把人置身於一定的背景，考察社會結構和文化如何影響情感的喚醒和變化過程。本研究沿用 Turner（2000）的做法，將情感（Emotion）作為核心概念。

二、情感的分類和特性

1. 情感的分類

　　在日常生活的互動中，人們大約運用 100 多種情感，以應對他人和情景而做出相應的反應。雖然學者們對情感的界定不同，但都一致讚同人類的四種基本情感：憤怒、恐懼、悲傷和高興。這四種基本情感中有三種屬於負向情感。人類能夠產生不同強度的基本情感，包括低強度、中等強度、高強度等多個強度水平。Turner（2000）對人類的四種基本情感進行了定義，並總結了這些情感在不同強度水平上的變化，具體見表 3.1。

表 3.1　　　　　　　　　　基本情感的定義和變化

	低強度	中等強度	高強度
滿意-高興	滿意，滿懷希望，平靜，感激	雀躍，輕快，友好，和藹可親，享受	歡樂，福佑，狂喜，喜悅，歡快，得意，欣喜，高興
厭惡-恐懼	利害，猶豫，勉強，羞愧	疑懼，顫抖，焦慮，神聖，驚恐，失去勇氣，恐慌	恐怖，驚駭，高度恐懼
強硬-憤怒	苦惱，激動，動怒，惱火，不安，煩惱，怨恨，不滿	冒犯，挫敗，氣急敗壞，敵意，憤怒，憎惡，仇恨，生氣	嫌惡，討厭，厭惡，憤恨，輕視，憎恨，火冒三丈，憤怒，狂怒，勃然大怒，義憤填膺
失望-悲傷	氣餒，傷悲，感傷	沮喪，悲傷，傷心，陰鬱，宿命，憂傷	悲痛，悲憐，悲苦，痛苦，悲哀，苦悶，悶悶不樂，垂頭喪氣

在人類的四種基本情感中，三種是負面情感，自然選擇的結果就是通過把負面情感與高興聯合起來，生成新的有助於社會互動的情感，Turner 稱之為情感的複合。Plutchik（1962，1980）是第一位探討情感複合以產生新的情感的研究者。從原始人和人類進化的觀點來看，自然選擇作用於祖先的神經解剖結構，形成了新水平的情感結構：具有聯合（Combine）基本情感的能力。Plutchik（1962，1980）認為，基本情感就如同顏色譜系中的原色，這些情感構成了「情感輪」。當基本情感混合時，正如顏色混合一樣，可以產生新的情感，Turner 稱之為複合（Elaborations）。不同的是，Plutchik（1962，1980）的基本情感既包括了憤怒、恐懼、悲傷和高興四種基本情感，同時也認為厭惡、期望、接受和驚奇也為基本情感。

基本情感的第一次複合是指某種基本情感（例如，高興，所占比例較多）與另外一種基本情感（例如，恐懼，所占比例較少）複合，產生一種新的情感，這種新的情感能夠更加準確地體現個體的情緒感受、表情與協調性。根據 Turner（2004）的觀點，較多比例的高興和較少的恐懼複合生成驚奇、希望、痛苦減輕、感激、自豪和崇拜等情感；而較多的恐懼和較少的高興複合生成諸如敬畏、崇敬、崇拜等情感。其他的基本情感也可通過這種相似的複合方式產生新的情感。

四種基本的情感第一次複合併不能完全減弱負面情感對社會秩序的破壞

性，自然選擇進一步配置人類的神經解剖結構生成第二次複合的情感，即所有三種負面情感的複合（Turner，2000）。生成的情感稱為次級情感，具體見表 3.2。

表 3.2　　　　　　　　次級情感：羞愧、內疚與疏離的結構

情感	基本情感成分的等級秩序		
	1	2	3
羞愧	對自我失望——悲傷	對自我憤怒	對事件可能對自我造成的後果而恐懼
內疚	對自我失望——悲傷	對自我行為造成的結果憤怒	對自我憤怒
疏離	對自我、他人、情景失望——悲傷	對他人、情景憤怒	對事件可能對自我造成的後果而恐懼

羞愧是一種使自我感到渺小和無價值的情感，這種情感一般產生於當個體感到他或她無法勝任或者實現社會規範所期望的行為時。羞愧是一種強有力的社會控制情感，因為這種情感對自我具有極強的影響力，因此人們盡量避免無能表現或侵犯社會規範。然而，羞愧所造成的負性體驗是如此強烈，以至於通常能激活防禦機制，羞愧會轉變為構成羞愧的一種或多種成分，多數情況下會轉變為憤怒（Tangney et al.，1992）。與羞愧不同，內疚通常與某個具體的行動有關，而不是彌散性的，並不對整個自我產生破壞（Tangney et al.，2002）。實際上，內疚使得人們關注道德規則，並遵從這些規則以避免體驗到內疚。疏離的構成成分和羞愧、內疚一樣，但是疏離不僅不能促進較高程度的社會性，而且這種情感能夠把負面情感轉換成退縮反應，降低對社會結構的承諾水平，以及參與社會活動的意願。但是疏離的確能夠降低憤怒的破壞性，並且可以解釋人們為什麼對社會結構、文化規範的承諾比較低。

2. 情感的特性

多數社會學家研究情感，旨在探討情感行為發生時以及人們在群體中互動時，文化和社會結構在情感和認知上的效應。情感的生物基礎研究為社會學家提供了一種探究方式。

（1）情感的生物性

Turner（2000）認為，大多數情感具有先天設置好的神經基礎，這是智人以及後來的人類幾百萬年進化的產物。人類作為進化的類人猿，可能並不是社

會學家所推測的「社會的」。自然選擇通過間接地提高智人以及後來人類的情感能力，把它們喚醒，塑造密切的社會關係。Wkillian 和 Yardly（1994）認同特納提出的觀點，即情感已經進化為人類的原始人之間交流的媒介，這是因為：第一，情感具有潛在的生物基礎，能夠非常迅速地使動物警覺和定向行動；第二，情感表達能夠喚醒他人同樣的和對應性的情緒反應，這將促使社會關係。具體而來，某個物種越依賴於習得的技能生活，這個物種越需要快速地獲得和提取有關信息。當信息以格式塔完型，或圖示的形式組織後，能夠促進對這些信息的快速提取和加工。而情感在信息的加工過程中具有關鍵的作用，情感是注意的調節者，使個體立即對環境中的某些方面產生警覺，同時情感還能夠決定注意持續的時間和強度。在人類漫長的進化過程中，情感不僅代表了一種可行的生存策略，也是唯一的生存策略。

（2）情感的社會性

正如情感性的動力機制蘊含於人類的生物基礎之中，自然選擇過程塑造了情感的生物性，同時也塑造了情感的社會性。因為，情感能力作為一種成功的生存策略，一旦進入生存實踐之中，將進一步服從於選擇優化，以創造出更具有凝聚力的社會關係。具體過程包括以下部分。

第一，運用情感增強團結的第一個成分為增強正向情感的喚醒。但在四種基本情感中有三種是負向的。因此，自然選擇需要減弱負向情感的影響力，並同時增強原始人體驗正向情感的途徑。

第二，產生正向情感的第二個成分為人際協調。通過觀察他人的面部表情和身體語言，知道他人的部署和行動過程可以促進人際協調。協調主要來自對他人表情的覺察，因此，自然選擇將需要提高靈長類動物的視覺能力，特別是對表情的注意。人類的大腦會對提高人際協調的情感激活區域進行優化（Singer et al., 2004）。

第三，同步交互會產生正向情緒。交往同步時將產生正向情感，並增強情感的複雜性，從而使人們產生娛樂感。因此，自然選擇不得不作用於原始人的大腦，以促進彼此間的反應對應性、節奏同步性和情感娛樂性。

第四，有價值的資源交換可以促進互動。情感能夠把價值賦予客體。因此，在一定水平上，除非人們賦予了客體一定的情感效價，否則交換是不可能發生的（Collins, 1993）。交換，從本質上講是生成正向情感（Lawler and Yoon, 1998），既然原始人表現出交換和互惠的傾向，那麼自然選擇也對這種傾向給予優化。

第五，獎懲在一定程度上推動互動。實現期望得到正向情感的激勵，不能實現期望則得到負向情感的懲罰。這樣一來，人們會千方百計提高正向情感的比例，以建立更為密切的社會聯繫。

第六，道德規則規定了社會互動的底線。人們依據道德規則把人際關係符號化為價值和規範，同時以圖騰的方式表徵群體。這些象徵符號必須被視為道德的，這就要求象徵符號具有情感特性。不僅社會關係必須具有道德特徵，人們也必須參與到象徵符號指引下的儀式互動，以激活象徵符號所包含的情感。

三、自我與情感

Turner認為，人類的主導事務是證明自我，情感發生的許多動力機制都圍繞著這些自我證明的加工過程。

1. 自我水平與情感強度

自我在互動中具有認知和情感的兩方面的力量。人類對自我的認知總是具有情感色調的，並且因為這些認知是由情感控制的，因此，在互動過程中，這些認知將更加顯著，並且更有可能誘發新的情感反應。在每次互動中，我們都把自我看作是客體，儲存過去互動中關於自我的記憶和情感，想像自我在未來行為中的表現、評價過去、當前和未來的自我。三個不同的自我水平（見圖3.5）對情感的影響是不同的（Turner，2000）。

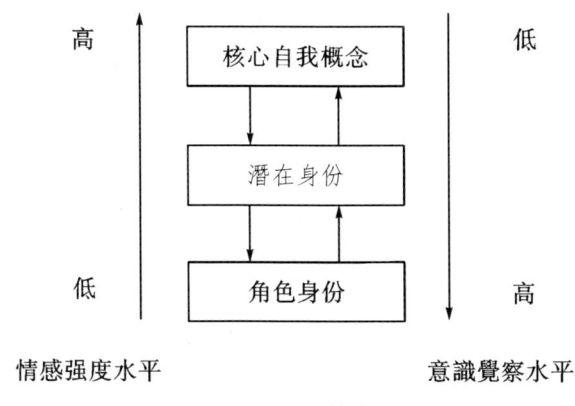

```
高                              低
    ┌──────────────┐
    │  核心自我概念  │
    └──────────────┘
           ↕
    ┌──────────────┐
    │   潛在身份    │
    └──────────────┘
           ↕
    ┌──────────────┐
    │   角色身份    │
    └──────────────┘
低                              高
情感強度水平                意識覺察水平
```

圖 3.5　自我的水平

（1）核心自我概念。核心自我概念指的是人們對所有情景中他們是誰的觀念。核心自我概念相對比較穩定，代表了人們對自己是誰和自己是什麼以及他們在人際互動中值得擁有什麼的最基本的情感拼圖。核心自我概念是自我最具有情感效價的方面。雖然如此，卻很難用詞彙準確描述核心自我概念。

Turner（2000）認為，核心自我是由過去生活時光所形成的有意識的自我情感和無意識的自我情感共同作用的結果，到了青春期後期，這兩者融合為較為穩定的自我概念，在整個成年期還將持續。過去對核心自我的測量多半採用自我報告法。

（2）潛在身分（Sub-Identity）（Turner，2002）。人們在體制領域中對自我總有很多富有感情的概念。實際上潛在身分類似於詹姆斯提出的社會自我。例如，某人可能是一個父親、兒子、工人、宗教信仰者等。相對核心自我概念來說，人們對潛在身分有比較清楚的概念。社會在宏觀組織水平上分化程度越高，人們作為個體所擁有的潛在身分就越多。

（3）角色身分（Role Identity）。角色身分又成為情景身分，指的是個體在某個特定的社會結構情境中，扮演某個具體角色時的自我。一定程度上，角色身分會融入潛在身分中，但是角色身分較為情景化。人們在多次重複發生的人際互動過程中，逐步形成了對具體角色的相對清楚的自我認知和評價。但是，人們對角色身分有著最多的認知和評價，但這些身分比潛在身分以及核心自我概念具有較少的情感色調。

儘管不同的自我水平會引發不同的強度的情感，但是，如果某人認為某個具體的角色對證明自己的潛在身分非常重要，那麼個體對他人呈現這種角色身分時所攜帶的情感就會增加。因此，在大多數互動中，人們呈現分化的自我，並且根據所呈現自我的不同，個體的情感反應會發生變化。

2. 自我與期望

人們幾乎總是帶著某種期望進入人際互動，而期望又是喚醒情感的兩個基本原因之一（Turner，2000）。

期望狀態的形成有許多來源，但其典型特徵是圍繞自我、他人和情景的特徵。人們希望他們對自我、他人以及環境特徵的期望相一致，這種尋求一致的格式塔傾向是人們行動的重要動機。當人們對自我、他人和情景的期望得到實現時，將體驗到中等強度的正向情緒；如果他們還曾經一度為不能實現這些期望而擔心恐懼，那麼，期望實現後他們將體驗到強度更高的正向情緒，比如，自豪。反之，一般來講，如果自我和他人的行動以及情景沒有符合期望的標準，人們將體驗到負向情緒的環境。

期望的清晰性、情境中人們所使用的情感語言的相同程度、交易需要（證明自我的需要、獲得利益的需要、歸屬群體、被群體信任等）都是影響期望的力量。本書主要考察交易需要對情感的影響。具體的需要狀態是否得到滿足，決定具體的情感喚醒。由於有很多不確定性伴隨著基本需要，例如，某人

可能不知道哪種身分在情景中是顯著的，什麼樣的資源是與自身身分相關的，等等。因此，在情境中，人們更容易體驗到負向情緒。並且，如果需要因為某種原因不能得到滿足，負向情緒將持續並且強度增加。相反，若需要比較明確並且得到滿足時，最初的負向情緒將被強度較高的正向情緒所取代。具體到企業家品牌依戀，尤其要弄清楚自我和依戀之間的情感機制，避免產生負向情緒。

像所有的大型類人猿一樣，人類能夠把自我看作他們所處環境之中的客體；並且由於人類具有較大的腦容量和拓展的情感能力，自我在所有的人際互動中將一直處於比較顯著的位置。自我包括認知和情感兩個維度的內容，在人際互動的過程中得到展現，並且因為人際互動受到互動雙方表現和接收到的姿勢的調節，所以在人際互動過程中包括大量的協商。因為自我始終伴隨著互動過程，人們總是希望他們對於自我的觀念能夠得到證明。事實上，互動過程是由互動雙方自我的交互呈現和作為觀眾時證實這種自我呈現的意願共同主導的。當然，心理學（James，1884，1890）、哲學（Mead，1934）和社會學（Cooley，1902）等學科都具有論證自我在處於人類事務中心位置的傳統，並且這個傳統被當代的符號互動主義者（Strker，1980，2004；Burke，1991等）和擬劇論研究取向（Gofman，1959）進一步發展。

第七節　文獻小結與述評

一、企業家品牌依戀述評：認知和情感並重

已有的依戀文獻主要來自心理學家、社會學家和營銷學者的研究。不同的學科側重是有差異的：心理學家側重研究依戀的個體差異，社會學家側重研究依戀和社會行為之間的關係，營銷學者主要從關係視角探討依戀。因為個體差異並不是營銷人員能操縱的，研究意義並不大，而人際間依戀研究只能作為消費者品牌關係的借鑑。

Thomson等人（2006）認為，依戀強度是消費者——品牌關係強度的簡練代理。Schultz等人（1989）指出，消費者對所有的消費對象具有或強或弱的依戀。並且，他們首次將消費者依戀與消費者自我理論聯繫起來，針對依戀的作用機理提出了一些重要的觀點。將依戀同自我關聯起來，開創了依戀機理研究的先河。Thomson等人（2006）具體對名人依戀的先決因子進行了研究，證實了自治和關聯對依戀強度的顯著影響。總之，前人對消費者依戀的研究主要

圍繞兩條線展開：情感和認知。基於情感的研究主要體現在關於依戀強度的測量上，並沒有就探明依戀這種情感紐帶的情感基礎。這樣一來，對於依戀何時結束也只能從動機方面進行探討。顯然，對於情感的產生和消亡並不如此簡單。而基於認知方面的研究主要探討人們基於依戀對象滿足了什麼樣的需求會產生依戀。根據Bowlby的依戀理論，依戀的產生的確和滿足需求是分不開的，但是什麼樣的需求滿足才會產生依戀目前並沒有得到充分的研究。例如，能滿足同樣需求的名人有很多，為什麼消費者只會對少數幾個形成依戀呢？顯然，單單從需求滿足不足以證明依戀的產生。

具體到企業家品牌依戀情境中，由於消費者和企業家形成的依戀是基於類社會互動背景下，依戀情感的產生既是一種選擇的體驗，更是一種生物性的驅使。人類的生物本能性傾向於對熟悉的人形成依戀。儘管消費者並沒有和企業家面對面交流接觸，但是通過強大的媒介，企業家和消費者的心理距離正慢慢縮小，但空間距離是非常遙遠的。誠然，企業家品牌滿足消費者的某種需要，但是什麼樣的需要才會產生依戀呢？這樣的需要引發的情感基礎是怎樣的呢？這需要我們既要從認知方面對此進行探討，同時還要探明其情感機理。只有這樣營銷人員才能更好地管理企業家品牌。

二、自我理論文獻評述：從身分自我到核心自我

在消費者-品牌關係中，為什麼依戀如此重要？這是因為依戀與自我的關聯性。依戀是在互動中形成的，而自我與他人的互動是自我發展的重要力量。對自我的研究中，由於研究角度不同，形成了不同的研究領域：角色認同、社會認同、自我防禦機制等。

自我既是思考、知覺的主體，也是思考、知覺的客體。因此關於自我的一切顯得既帶有主觀性，同時也具有客觀事實。不同的學科關注的重點不同，自我心理學關注主觀體驗，而人格心理學更關注客觀體驗。一個是「我認為我是什麼樣子的」，而一個是「我實際上是什麼樣子的」，二者之間常常並不一致。主觀體驗和客觀事實經常互相影響。「我實際上是什麼樣子」涉及他人的評價，由於測量的難度，自我心理學關注人們對自己的樣子的知覺和信念，而不是真實的樣子。

人們關於他們自己的想法在認知功能中占重要的地位，影響著人們對信息的加工和解釋，指引著人們的行為，並且促使人們努力成為想要成為的人。詹姆斯的三類經驗自我得到了學者們的重視，在解釋消費認同方面，物質自我和社會自我是重要的動機來源。而精神自我則主要是精神分析學家和心理學家們

研究的領域。人類天生就有與自我有關的情感，這些情感的喚起則依賴於我們過去的樣子和所做的事情，是我們實際能力和我們潛力之間的比值，也就是依賴於自我知覺。而自我知覺往往被自我概念所左右。這些假定的自我概念喚起的情感可以分為兩類：喚起積極情感；喚起消極情感。

由於自我和情感有著分不開的關係，因此，自我的不同水平（核心自我、潛在身分和角色身分）會引起不同強度的依戀。而核心自我即為穩定的自我概念。自我的這種層級劃分使得我們發現另外一個方法問題：現有的大多數研究，往往只測量角色身分，最多是潛在身分，這些身分所誘發的情感反應相比核心自我誘發的情感反應是較弱的。大多數身分研究進行了大量的自我的水平與情感喚醒強度關係的研究，得出結論為角色身分將產生最弱的情感反應。如果研究只關注這些誘發較少情感反應的自我層面，那麼這些研究最終所能研究的也只是相對較弱的情感反應，例如，滿意度、態度、偏好等。

因此，作為一種認知和情感紐帶的依戀，與自我相關的研究應該從角色身分、潛在身分轉移到核心自我（自我概念）的方向。

三、情感理論綜述：兼顧社會性和生物性

雖然情感研究一直是社會學的前沿問題，但是對於「什麼是情感」並未達成一致。感情（Affect）、情操（Sentiment）、感受（Feeling）、心境（Mood）、表情（Expressiveness）和情感（Emotion）等這些術語經常交錯使用來描述某種具體的感情性狀態。本書研究的情感（Emotion）一詞經常被譯作「情緒」。提起「情緒」，一般認為這是稍縱即逝的情感。事實上，從生物學方面，情緒既包括短暫地、急遽地發生基本情感，也包括那種基本情感反覆呈現的狀態或一般情感狀態。這也是本書將自我與情感、依戀聯繫起來研究的基礎之一。

不同的學科對情感的研究重點存在差異，心理學關注情感的生物性過程，而社會學則把人置身於一定的背景，考察社會結構和文化如何影響情感的喚醒和變化過程。實質上，情感的生物性和社會性是分不開的，因為人是社會人，人必須要在同他人的互動中發展自我，繼而實現自我。因此，在類社會互動背景下探討消費者-企業家品牌依戀的情感機制複合情感的特性。

雖然學者們一致認可四種基本情感：高興、恐懼、憤怒和憂傷。但是其中三種卻是負向情緒，這與人類互動的目標是相背離的。因此，自然選擇和社會影響的結果是使得人類具有複合基本情感的能力。複合產生的新的情感能夠更加準確地精致個體的情緒感受、表情與協調性。4種基本情感的兩兩複合形成

了16種情感。根據Turner（2004）的觀點，較多比例的高興和較少的恐懼複合生成驚奇、希望、痛苦減輕、感激、自豪和崇拜等情感；而較多的恐懼和較少的高興複合生成敬畏、崇敬、崇拜等情感。而對名人崇拜的研究和依戀是糾纏在一起的，「偶像崇拜」界定為「人們對喜好人物的社會認同和情感依戀」。因此可以推出，無論是較多比例的高興和較少比例的恐懼複合還是較多比例的恐懼和較少比例的高興複合，其結果都可以是依戀。

　　人們幾乎總是帶著某種期望進入人際互動，而期望又是喚醒情感的兩個基本原因之一。期望狀態的形成有許多來源，但是典型特徵是圍繞自我、他人和情景的特徵。在類社會互動中，互動過程是由互動雙方自我的交互呈現和作為觀眾時證實這種自我呈現的意願共同主導的。當然，心理學（James, 1884, 1890）、哲學（Mead, 1934）和社會學（Cooley, 1902）等學科都具有論證自我在處於人類事務中心位置的傳統，並且這個傳統被當代的符號互動主義者（Strker, 1980, 2004; Burke, 1991）和擬劇論研究取向（Gofman, 1959）進一步發展。

第四章 企業家品牌依戀情感研究的理論框架與假說的提出

本章將在通過探查消費者自我和諧與情感之間的關係，進而考察基本情感對企業家品牌依戀的仲介效應以及消費者個性特徵對消費者自我和諧與基本情感以及企業家品牌依戀之間關係的調節效應，從而提出本書的研究假設，構建本書的理論框架模型。

第一節 消費者自我和諧與企業家品牌依戀的關係

自我和諧（Self-Congruence）是 C. R. Rogers 人格理論中最重要的概念之一，它與心理病理學和心理治療過程有著密切的關係。根據 Rogers（1959）的觀點，自我是個體的現象領域中（包括個體對外界及自己的知覺）與自身有關的知覺與意義。同時，個體有著維持各種自我知覺間的一致性以及協調自我與經驗之間關係的技能，而且「個體所採取的行為大多數都與其自我觀念相一致」。如果個體體驗到自我與經驗之間存在差距，就會出現內心的緊張和紛擾，即一種「不和諧」的狀態。個體為了維持其自我概念就會採取各種各樣的防禦反應（Rogers，1959），並因而為心理障礙的出現提供了基礎。

自我和諧屬於一致性理論的範疇（Festinger，1957；Heider，1946）。該理論認為，由於不一致會使人們產生不愉快感和緊張感，所以人們會努力去達到信仰和行為上的一致性。因此消費者有動機去堅持一套關於自己的想法和感覺（自我概念），這些自我概念刺激他們採取能強化他們自我概念的行為（例如，成為某個名人的粉絲、收集關於名人的任何信息和內心上努力向該名人靠攏

等）。

　　在有關自我和諧方面的文獻中，多數研究在自我形象一致性方面（Sirgy, 1990；Sirgy, 1982, 1985；Sirgy, Grzeskowiak and Su, 2005；Sirgy, Grewal and Mangleburg, 2000；Sirgy and Su, 2000）。然而研究表明，品牌個性有助於消費者表達他們的自我概念，讓發現該品牌的消費者感覺舒適，並且匹配他們的自我概念（Aaker, 1999；Sirgy, 1982）。自我概念是人們對他們自己的認知和情感上的理解。自我概念之所以在營銷學中佔有重要地位，是因為它會影響消費者的行為。而這種影響來源於兩種動機：自我提升動機和自我一致性動機。自我提升動機指的是一個人會傾向於那些可以提升自我概念或自我形象的行為；自我一致性動機指的是一個人會傾向於那些與自我概念相一致的行為。雖然不同的學者對自我概念的劃分存在差異，但是真實自我（Real Self）和理想自我（Ideal Self）這兩種自我概念得到一致認可。最早羅杰斯在20世紀40年代就區分了作為實際感覺到的自我（真實自我）和作為理想中的自我（理想自我）。他認為兩者都可以加以測定，真實自我強調個人主觀體驗的心理重要性；理想自我引起適當層次的自重和樂觀主義，並激發成就感和對社會的適應。

　　自我概念，也即核心自我，能引發較強烈的感情。不管消費者採取哪一種自我概念，根據自我理論，通過某個個性的企業家品牌，該企業家品牌是他或她視為類似於真實自我或理想自我，他們都能達到自我和諧。真實自我和諧反應了消費者真實自我同該品牌個性之間的匹配感知，而理想自我和諧是消費者的理想自我同該品牌個性之間的匹配感知（Aaker, 1999）。真實自我和諧品牌反應了消費者的真實自我（該品牌個性正如真實的我一樣），而理想自我和諧品牌反應的是消費者渴望成為的樣子（該品牌個性如同我想要的我一樣）。

　　心理學上，依戀是某個人同特定對象之間的一種充滿情感的紐帶（Bowlby, 1979）。營銷情境中，人們也能和品牌之間建立和維持一種充滿感情的關係（Beck, 1988；Fournier, 1998）。具體到企業家品牌依戀，既可以說是人際間依戀，也可以認為是人與物的依戀。企業家品牌依戀反應的是消費者和某個特定企業家品牌之間的情感紐帶。這種情感代表了來自於品牌和自我關聯的酷愛（Mikulincer and Shaver, 2007）。

　　本研究談及的自我和諧主要是指「真實自我一致」和「理想自我一致」兩種情況。

一、自我驗證性動機與真實自我

　　Swann（1983）的自我驗證理論是建立在傳統的符號互動理論和自我一致

性理論的基礎上。自我驗證理論的核心假設是：人們為了獲得對外界的控制感和預測感，會不斷尋求、引發與其自我概念相一致的反饋，從而保持並強化他們原有的自我概念。也就是說，人們自我驗證的主要動機是為了增強對現實的預測和控制，形成穩定的自我概念（認知）並通過使得他人對我的看法和我對自己的看法一致，而讓社會交互變得更順利（實用）。Swann（1992）用實驗驗證了自我驗證的兩個原因（認知和實用），並與2002年提出了自我驗證模型。該模型認為，人們可以通過兩大途徑去驗證自我：營造驗證自我的社會環境和對現實信息的主觀歪曲。其中，營造驗證自我的社會環境主要有三種方式：選擇交往夥伴和環境、有意現實身分線索及採取能引發自我驗證反饋的交往策略。對現實信息的主觀歪曲包括：選擇性注意、選擇性編碼和選擇性解釋。這個模型得到了很多實證研究的支持。

自我驗證動機（Swann，1983）表明，人們有動機去查證、驗證和維持他們現有的自我概念。他們探求那些肯定自我感覺的體驗，而避免那些威脅到他們自我感覺的體驗。自我評估理論認為，人們又瞭解真實的自我傾向。Swann（2012）認為自我評估是自我驗證的動機來源，自我驗證和自我評估這兩種動機在尋求真實自我時是互補的。自我驗證理論認為個體成長過程中逐漸形成的一種對自我的穩定的看法，即自我觀。穩定的自我觀使個體感到自己的世界是一致的、穩定的和可預測的，個體不斷尋求驗證自我觀的信息（Swann，Rentfrow and Guinn，2003），鞏固和維持能驗證自我觀的人際關係（Gomez，Huici，Sevle and Swann，2009），遠離不能驗證自我觀的關係，適時採取行動以維持穩定的自我觀。

自我驗證引發積極的自我評價和積極的他人評價，從而有助於產生對別人的依戀（Burke and Stets，1999）。自我驗證動機會促使人們去關注那些品牌個性和真實自我一致的企業家品牌，結果會導致積極的自我強化和積極的品牌情感，從而產生更強大的品牌依戀。

基於此，我們提出假設：

H1：真實自我一致會強化消費者-企業家品牌依戀。

二、自我擴張理論和理想自我

最初，Arthur Aron和Elaine N. Aron（1986）在研究自我和戀愛等問題時，融合自我進化、愛情本質的心理學觀點和動機、認知心理學，從而建構了自我擴張模型（Self-Expansion Model），隨後經過不斷地修正和求證（Aron et al.，2005，2009）。該模型最初是用來回答「人們為什麼要發展和維持某段關係」

這個問題的，因此，自我擴張量表主要是圍繞知識、技能和能力等關鍵成分編製而成。他們認為，人類具有尋求擴張的動機，而自我擴張的方式之一就是通過關係互動將他人或物融入自我概念中（本書情景是企業家品牌）。並且被融入的他人或物品越是和某人的自我定義相契合，和該人或該物品的情感紐帶就越緊密。

自我擴張的動機主要體現在兩個方面：

（1）其一，人們具有通過增加自己的資源、觀念和認同的方式來提高自我效能的動機（Aron et al.，1998，2003）。與班杜拉的自我效能理論不同的是，這裡的提高自我效能動機並不是指向目標完成的，而是獲得完成目標的資源的動機。而班杜拉的自我效能理論認為自我效能是人們導向目標的仲介變量。提高自我效能動機是無時不在的，和其他與自我相關的動機一樣，自我擴張可能是有意識的，也可能是無意識的。Aron 等人（1995）在大學生樣本的研究中證實，發展一段新關係確實能夠擴張自我。

（2）其二，人們具有體驗自我擴張過程帶來的積極情緒的動機。只要自我擴張的速度還沒有快到產生壓力感，自我擴張的過程就會產生積極情緒（Aron et al.，1998）。根據自我擴張模型，當快速擴張發生時，會產生積極情緒；當擴張減慢或不存在時，幾乎不產生情緒；如果較慢的擴張出現在一段時間的快速擴張之後，快感的喪失可能會讓人失望並引發關係的破裂（Aron et al.，2003）。

多少年來，人們一直在爭論到底是「相似-吸引」還是「相異-吸引」？不可否認，在某些情況下，相似性會降低吸引力，甚至有些人不喜歡相似的人。自我擴張理論認為任何一段關係都能提供自我擴張的機會，只是與相似的人發展關係提供自我擴張的機會沒有與相異的人發展關係提供的自我擴張機會多。實際上，相似關係中看到的是真實自我，而相異關係中看到的是理想自我或是其他自我。這些不同的自我概念其實都是作為完整的個體的一部分存在的。

在消費者的自我擴張活動中，一個反應了消費者理想自我的個性的品牌能讓他們感覺和理想自我更加靠近（Grubb and Grathwohl，1967）。如果該消費者看到自己的理想通過某個品牌得以體現，他或她將會被這個品牌所吸引（Boldero and Francis，2002），並且在感情上依戀它（本書是企業家品牌依戀情景）。

因此，提出以下假設：

H2：理想自我一致會強化消費者-企業家品牌依戀。

三、真實自我一致和理想自我一致的比較效應

如果假設 1 和假設 2 都成立，那麼到底哪一個會有更強的效應呢？有研究（Lucia Malär, Harley Krohmer, Wayne D. Hoyer and Bettina Nyffenegger, 2011）試圖用解釋水平理論進行解釋。解釋水平理論認為，一個人和一個目標或是事件的心理距離越大，就越有可能以一種更抽象的方式（所謂的高水平解釋）而不是具體的方式（低水平解釋）在心理上概念化這個目標或是事件。當一個目標從某個人的現實生活中移去了，他或她將取向於擁有越來越無效和不可靠的關於該目標的信息，這將導致對該目標更加抽象的信息。相比之下，當一件事發生在當下（低水平解釋），個體傾向擁有很多關於它的信息，（他或她）畢竟正在經歷這件事，因此會很具體地思考這件事，利用所有的豐富的背景的可靠資料（Trope, Liberman and Wakslak, 2007）。作者認為，真實的自我和理想的自我和某種心理距離水平相關，從而影響瞭解釋水平和依戀的強度。一般而言，消費者會感知他們的真實自我為某個心理上更近（例如，更低的心理距離）的事物，而理想自我則被感知為心理上比較遠的某個事物。其一，心理上遙遠的事物是那些並不在個體的實際的直接體驗中出現的。他們可能想到，但是他們不能直接體驗它。其二，理想自我指的是在未來發生的事物。其三，理想自我在由個體相信或是希望自己成為的理想或是目標的想像中（Wylie, 1979），因此是假想的（遠非現實），相對於真實自我而言不太可能發生。但是實證研究（Lucia Malär et al., 2011）的結果並不支持作者的假設：相對於理想自我一致，真實自我一致對品牌依戀的影響更強烈。

對 Lucia Malär 等人（2011）的這個研究，本研究有不同的見解，原因有三。

第一，依戀的產生不是一蹴而就的，它是與類社會互動程度密切相關。具體就企業家品牌依戀而言，它不同於產品品牌，消費者和企業家是在類社會互動中產生依戀的。類社會互動雖然類似「面對面」的交互，但是質上不同於人際間交互，彼此之間不見得有接觸。而解釋水平理論是以時間、空間、心理以及社會距離的遠近來區分的。無論是真實自我一致還是理想自我一致在類社會互動方面進行時間距離遠近的區分是沒有意義的。

第二，自我概念是一個人對自己所持有的看法。真實自我和理想自我都是構成「自我概念」的一部分。雖然較之真實自我，理想自我的實現具有不確定性。然而，在依戀理論中，依戀的產生考慮的是被依戀對象對於依戀者來說是否具有可得性和回應性。並且，自我理論證明，將他人納入自我中就意味

著，他人的資源慢慢地就會變成自己的資源，儘管可能是虛幻的。

第三，反應模式論認為，反應模式決定哪種自我概念的影響更大。Sirgy（1985）認為，當消費者對廣告中的品牌或者產品進行評價時，其理想自我概念會比真實自我概念更起作用。因為，人類自我的兩種基本動機包括自我驗證動機和自我提升動機。Zinkhan 和 Hong（1991）的研究表明，對於在公共場合使用的產品或品牌來說，理想自我概念對品牌選擇的影響比真實自我概念更大；而在私人場合使用的產品或品牌，情況正好相反。此外，Quester（2000）研究發現，對於功能性產品來說，消費者會將產品形象與真實自我概念進行比較；對於象徵性產品或與社會地位相關的產品來說，消費者則會使用理想自我概念來進行比較。

名人品牌關聯有名人屬性、名人代言的廣告、名人代言的品牌、代言屬性以及消費者同名人本身的經歷（例如，親筆簽名，粉絲俱樂部，媒體文章和博客）（Jasmina Ilicic and Cynthia M. Webster, 2010）的感知。雖然企業家品牌不同於一般的產品品牌，但是名人依戀的存在說明名人滿足了消費者的心理需求。以往的對名人依戀的文獻（Thomson, 2006）驗證名人品牌同自我關聯與自治的需求的滿足會讓消費者形成對名人品牌的依戀，其中關聯和自治需求的滿足對應了 Park 等人（2006）的滿足自我（象徵自我）和豐富自我（體驗消費）的需求。

基於此，本研究提出以下假設：

H3：相對於真實自我一致，理想自我一致對企業家品牌依戀的影響更強烈。

第二節　消費者情感的仲介效應

雖然我們研究的最終是依戀這種特殊的情感紐帶，但是，每一個情感從性質上講都是一個簡單的、不可分解的心理狀態。本研究對情感的仲介效應分析主要借鑑了馮特的《人類與動物心理學》一書中的部分觀點。用馮特的觀點來說，消費者-企業家品牌依戀來源於消費者與企業家之間的許多次類社會互動，這種類社會互動對消費者自我概念的衝擊主要是由聯想引起的。我們在媒介上看到某位企業家出現的同時，我們的心理正在體驗某種仲介情感；就像我們的眼睛看到一塊水果糖的同時，我們的舌頭正在體驗一種甜的味覺一樣。在本研究中，重點關注的不是聯想的複合，例如，言語、聽覺和各種印刷體的視

覺等。我們側重研究聯想的複合出現後所引起的情感的聯想。馮特稱此為同化。

一、同化與相繼聯想

同化過程的發生可以用絕對的確定性來證明，當合成的同化物是一種感知時，不論是實際的還是或多或少帶點錯覺的，都可以證明同化過程的發生。準確地說，同化過程始終是一種複合過程。在每一種同化情形中，總是有兩種聯結過程並肩而行。首先，感覺印象喚起了先前類似的感覺。其次，通過這些感覺的仲介喚起了並未包含在特定印象中的其他觀念要素。

與同化緊密相連的是觀念的相繼聯想。相繼聯想包括相似聯想和接近聯想。在第一種形式中，一種被激發的概念與激發它的觀念在某些特徵上相似；在第二種形式中，一種概念在某個時間或其他時間與激發它的概念存在著時空連接。在我們審視整個結果時，如果相似要素的聯結占優勢，我們就說它是相似聯想；如果外部聯結更為強硬，我們就說它是接近聯想。因此，當一幅風景畫使我們回想起我們曾經實際看到的真實風景時，這就是相似聯想。如果我們閱讀了字母 a、b、c、d，我們就傾向於繼續讀出 e、f、g、h，這就是接近聯想的情形。

相似聯想與接近聯想有兩點不同：在前者中一般以相似的基本聯結為主，而在後者中，則以接近的基本聯結為主；其次，在相似聯想中，我們的注意力直接集中在觀念的一般特徵上，而在接近聯想中，我們的注意力則直接集中在概念的分離上。

二、相似聯想和接近聯想：仲介情感和最終情感

雖然相繼聯想分為相似聯想和接近聯想。但在實際聯想的每一個情形中，兩者都被涉及了。馮特提出，同化的最簡單情形是對一個物體的認識；相繼聯想的最簡單情形是對一個物體的再認識。當前的印象喚起了早先的概念：存在著相似聯結和接近聯結。呈現的要素和記憶的要素馬上結合為單一的概念：實際印象。然而，合成的概念不是一種新觀念，從整體上來說，它只是一個相似的觀念，以伴隨著情感的特徵來表達它自己，馮特稱此為認識中的情感。從這種認識過程發展出再認識過程。主要有三個步驟：

第一，直接再認識過程。這時候的再認識是在沒有任何回憶參與的情況下發生的。

第二，雖然再認識是直接的，但它包括對參與情況的回憶。我們回憶起時

間關係和空間環境，在這些時間關係和空間環境中，我們預先就對要再認識的對象感到熟悉。在這兩種情形裡，再認識獲得是由情感伴隨的。馮特將此情感稱為再認識情感。

第三，仲介再認。再認識是由次級觀念的仲介引起的。例如，你看到一個人，你在他的公司中經常注意到他，而你的眼睛偶然落在他的大衣或旅行包上，這些就喚醒了你的記憶。在此又有一種特殊的情感有規律地與再認識獲得相聯繫。這種情感相對於直接再認識情感，它是後來出現的並且是逐漸產生的，我們稱為最終情感。

馮特指出，儘管再認識情感與認識情感很相似，但是這兩者之間所存在的質的差異比再認識情感的不同形式之間的差異更大。而且，正像我們在考慮這些情感得以出現的不同條件時所期望的那樣，情感不僅在質上不同，而且在強度上也不同：再認識的情感一般來說要更強大一些。和這些差異所並行的是時間關係方面的差異：再認識情感出現得晚一些，而且它們逐漸增加的強度通常可以在內省中追蹤，而認識的情感（馮特稱為仲介情感），一般來說，似乎是與印象同時出現的。馮特認為，不論再認識是直接的還是仲介的，再認識情感基本上是相同的。

三、真實自我一致和理想自我一致的仲介情感——社會比較理論

詹姆斯指出，人類天生就有與自我有關的情感，這些情感的喚起則依賴於我們過去的樣子和所做的事情，是我們實際能力和我們潛力之間的比值，也就是依賴於自我知覺。而自我知覺往往被自我概念所左右。而根據羅傑斯的觀點，每個人都有理想自我與真實自我，這兩者是有機結合在一起的。真實自我決定個體如何選擇理想自我，而理想自我又給真實自我的發展提供指導和動力。真實自我指的是個體在現實中的真實表現。理想自我指的是個體期待自己是怎樣的以及「應該是」和「必須是」。

自我概念形成包括自我評價的過程，而自我評價正是通過社會比較實現的。當個體缺乏用來評價自己的客觀指標時，個體就通過把自己的觀點和能力與他人進行比較來獲得對自己的認識和評價，這一過程就是社會比較。社會比較包括上行比較和下行比較。根據社會比較理論（Festinger, 1954），向上的社會比較是指和比自己優秀的他人之間的比較；向下的社會比較指的是和表現不如自己的人之間的比較。一般而言，上行社會比較（Upward Social Comparison）會產生自我評價而產生消極的情緒反應（Diener, 1984; Marsh and Parker, 1984; Morse and Gergen, 1970; Testa and Major, 1988）；下行社會比

較（Downward Social Comparison）會提高自尊產生積極情緒反應（Crock and Gallo，1985；Morse and Gergen，1970）。

顯然，在企業家品牌依戀情景中，消費者進行的是一種上行社會比較。Collins指出，在上行比較中，如果個體預期自己將來會和比較對象相同，就會產生一種「同化效應」，會產生積極的情緒；而如果個體預期自己將來會和比較對象不同，那就會產生一種「對比效應」，會催生消極情緒。

在一般的理解中，自信與自卑是對立的，自信者相信自己的強大與有為，而自卑者相信自己的渺小與不足，並且分別表現為積極的自我情感體驗（自信）與消極的自我情感體驗（自卑）的對立。結合前文所述，具體到真實自我一致（本研究主要指個性）情況下，由於真實自我代表的是個體現實中的情況，而企業家是社會上優秀階層的代表，如果真實自我和某企業家品牌一致（品牌個性），就會產生一種「同化效應」，產生積極的情感——自信。而理想自我代表的是個體希望自己成為的樣子以及「應該是」和「必須是」，如果理想自我和某企業家品牌個性一致，就會產生一種「對比效應」，因而會產生消極的情感——自卑。基於以上分析，本研究做出以下假設：

H4：真實自我一致會強化消費者的自信情感。

H5：理想自我一致會強化消費者的自卑情感。

四、仲介情感與依戀

馮特指出，所有更複雜的情感狀態的感覺基礎是共同情感，這是一種愉快的或不愉快的情感。這個觀點和特納以及詹姆斯的情感觀點是一致的，不同的是他們稱之為基本情感。對機體的正常的刺激會激起內在中等強度的情感，這些中等強度的情感聯結起來以形成共同的舒適感。另一方面，當刺激的強度變得如此之大以至於器官處於衰竭的危險之中或處於完全毀滅的危險之中時，就會出現生命機制的一般紊亂或暫時抑制，同時引起不愉快或痛苦的情感。情感的產生伴隨著感官感覺，複合情感的產生是因為每一個感官感覺都不是獨立產生情感的。

正如Plutchik（1962，1980）所指出來的那樣，情感複合就如同顏料盤裡的顏色混合一樣。Turner（2000）進一步指出，情感複合有深刻的生物基因，是為了更好地生存，更好地和周圍環境互動。雖然馮特並沒有具體研究基本情感複合的過程和結果，但是馮特明確指出了形成最終情感的過程中間一定存在仲介情感，就像「黑」和「白」調和形成「灰色」一樣，「灰色」就是仲介情感。而具體是什麼程度，例如，「深灰」「淺灰」等，則取決於「黑」和

「白」在調和中的比例。

具體到企業家依戀情感背景，既然依戀是一種認知和情感的紐帶，那麼對於這種最終的情感狀態的仲介情感有哪些呢？這一點 Turner（2004）的研究可以為我們揭曉答案。根據 Turner（2004）的觀點，較多比例的高興和較少的恐懼複合生成感激、自豪和崇拜等情感；而較多的恐懼和較少的高興複合生成敬畏、崇敬、崇拜等情感。根據馮特的觀點，如果滿意-高興的情感是指向自我時就變成「自信」，而厭惡—恐懼指向自我時就變成「自卑」。也就是說，「自信」加「自卑」交織在一起會形成崇拜的情感。而對名人崇拜的研究和依戀是糾纏在一起的，「偶像崇拜」界定為「人們對喜好人物的社會認同和情感依戀」。因此可以推出，無論是較多比例的高興（自信）和較少比例的恐懼（自卑）複合還是較多比例的恐懼（自卑）和較少比例的高興（自信）複合，其結果都可以是依戀。

雖然依戀強度是可以變化的，正如「灰色」有不同程度一樣，但是構成仲介情感的「高興」與「恐懼」的比例到底應該是多少呢？需要說明的是，這並非本書研究的重點或者說本書試圖避開這一問題。既然情感是伴隨著概念的產生，那麼與自我概念相關的指向依戀的情感機理才是本書研究的重點。換句話說，同樣一顆楊梅，不同的人感受的「甜」和「酸」的比重是不同的，著重於寫實的一定是更酸，因為產生的是相似聯想；而著重於寫虛的也許會更甜，因為產生的接近聯想。

作為人類社會普遍存在的、重要的心理現象，自卑引起了來自不同學科的學者們的關注。最開始，人們普遍認為自卑是因為生理疾病等先天缺陷引起。1910 年，Adler 把他的理論重點從真實的生理自卑轉向「主觀的自卑」（自卑感）。在吸收了德國哲學家 H. Vaihinger 的「虛構主義」的思想基礎上，Adler 提出，人有與生俱來的主動性，能夠按照虛構的目標有選擇性地看待生活中的諸多經驗，它決定著每個人的發展。自卑感能促使人發奮圖強，力求振作，從而超越自卑感，補償弱點。這種情感是隱藏在所有個人成就後面的主要推動力，是人類地位增進的原因。受到 Adler 研究的啟發，Hays 通過對有自卑感的精神病人進行研究發現，過度自卑感可以導致諸如傷心過度、精神依賴等精神疾病。也就是說，自卑雖然可以在某種程度上促進個人成就發展，也就是自我擴張。畢竟自卑是一種消極的情緒，在個人發展過程中，如果自卑情緒在程度上不能得到緩解的話，就會導致心理疾病。具體到依戀情景中，可能導致「迷」。能被稱為「迷」，那一定是過度依戀。

總而言之，依戀情境下，對於積極的情感應該積極提升，而對於消極情感

則不能進一步加劇。基於以上分析，本人得出以下假設：

H6：相比理想自我一致，真實自我一致主要通過自信產生企業家品牌依戀。

H7：相比真實自我一致，理想自我一致主要通過自卑產生企業家品牌依戀。

第三節　類社會互動涉入度的調節效應

假設1到假設6的效應也許對於所有人並不是相同的。因此，本研究進一步探討了調解變量：類社會互動涉入度（Para-Social Involvement，PSI），可能調節自變量與因變量之間的關係。

在過去對類社會互動（Para-Social Interaction）的研究中（Rosengren and Windahl, 1972; Rubin et al., 1985; Rubin, 1994; Philip J. Auter and Philip Palmgreen, 2000），一致都是用類社會涉入度進行測量，但是對於類社會涉入度的維度還沒有一致的研究結論。不管是類社會涉入度還是產品涉入度，其核心詞彙還是涉入度。而涉入度對於消費者的信息處理過程有著重要的作用。根據Celsi和Olson（1988）的研究，消費者同某個目標、情景或者某個活動的涉入水平取決於他或她感知和自身相關的程度。Park和Young（1986）認為涉入度可以理解為與個人相關的程度和重要性程度。Lucia Malär等人（2011）的研究定義涉入度為「與自身的相關度」，而這種相關度取決於消費者對該產品感興趣的程度以及該產品對消費者的重要性程度。本研究將沿用Lucia Malär等人（2011）的研究，定義「類社會涉入度」為「企業家品牌與消費者自我的相關度」，這種相關度取決於消費者對該企業家品牌感興趣的程度以及該企業家品牌對於消費者自我的重要性程度。

根據心理學上的研究，自我驗證動機要求持續性的認知努力，但人們對信息有動機進行深入處理時更有可能發生（Swann et al., 1990）。因此，有著高類社會互動的涉入度的消費者由於自我驗證將更有積極性去投入認知努力（Petty and Cacioppo）。並且，自我驗證動機對於有著高類社會互動涉入度的消費者而言傾向於更加重要。例如，在人際關係的研究（Hixon and Swann, 1993）中發現，當人們感知到選擇一個交互夥伴的結果變得重要的時候，他們將傾向於喜歡那些自我驗證的夥伴。一般認為，受眾瞭解和接近媒介人物的方式和他或她在現實中交朋友的方式是一樣的（Koenig and Lessan, 1985）。

選擇自我驗證夥伴要求有一定量的自我投射，因此，認知將變得更加努力，因為在比較過程中這個夥伴必須達到他或她自身的自我（Hixon and Swann, 1993）。已有的文獻表明，品牌關係常常呈現出人際關係的特徵（Fournier, 1998），當類社會互動涉入度很高時，消費者將更有可能偏好自我驗證的品牌，也就是有著高的真實自我一致的品牌。此外，增加的認知努力導致更多地將該品牌融入消費者的自我概念，而這將讓消費者感覺到自我和品牌間更大的個人關聯，導致更強烈的情感品牌依戀。

　　當類社會互動涉入度低的時候，消費者可能並不願意深入處理信息，因此不會為了自我驗證而進行認知加工。在這種情況下，該品牌對於消費者而言不是足夠重要，也不會投入努力去選擇該品牌作為自我驗證的品牌關係夥伴。因此，這些消費者不太可能在品牌和真實自我之間建立關聯，也不太會形成品牌依戀。

　　基於以上分析，提出以下假設：

　　H8a：真實自我一致提高企業家品牌依戀強度的作用對類社會互動涉入度高的人更有效。

　　根據人際關係領域的研究，當認知能力受到限制的時候，自我強化更有可能發生（Swann et al., 1993），當類社會互動涉入度低的時候也是這樣（Petty and Cacioppo, 1986）。當幾乎不存在自我投射時，人們傾向於喜歡自我強化的人際交往夥伴（Hixon and Swann, 1993）。當類社會互動涉入度低的時候，人們不必要為了進行比較就進入自我，交互夥伴的積極形象作為潛在自我強化的指示器（Lucia Malär et al., 2011）。

　　具體到企業家品牌依戀情境下，類社會涉入度低的消費者應該偏好自我強化品牌（理想自我一致），因為沒有詳細說明他們自己的理想自我，他們也能運用該品牌的積極形象來自我強化。並且，類社會互動涉入度低的時候，人們不太可能參與詳細的比較過程；恰恰相反，更可能產生自我啓發、自我促進，自我更易於被同化為他人，而享受他人的光環。這個時候，承載消費者的理想的某個企業家品牌是希望的源泉，能提升社會地位、願望、象徵性的自我實現，強化自尊（MacInnis and De Mello, 2005）。換句話說，當類社會互動涉入度低的時候，消費者僅僅能體驗到與品牌相關的積極情感（例如，希望），而不至於進一步加深自卑情感，從而提升他們的品牌依戀。當類社會互動涉入度高的時候，消費者更可能參與較高的比較過程，並且將自己和理想的他人進行聯繫。於是，這個依戀的理想對象的更好的狀態對於自我評估來說是一個威脅，能導致進一步的自卑情感。在這種情況下，一個人會和自己和理想的他人

產生疏離（Turner，2004）。

以上這些觀點使得本人得出以下假設：

H8b：理想自我一致提高企業家品牌依戀強度的作用對類社會互動涉入度低的人更有效。

第四節 研究假設與變量說明

一、研究假設匯總

本書以「消費者自我和諧→仲介情感→品牌依戀」為研究主線，考察情感的仲介作用、類社會互動涉入度的調節作用，共 8 個假設（見表 4.1），建立起本書的研究模型。

表 4.1　　　　　　　　　　本書的研究假設匯總

編號		假設內容
主效應	H1	真實自我一致會強化消費者-企業家品牌依戀
	H2	理想自我一致會強化消費者-企業家品牌依戀
	H3	相對於真實自我一致，理想自我一致對消費者-企業家品牌依戀的影響更強烈一些
仲介效應	H4	真實自我一致會強化消費者的自信情感
	H5	理想自我一致會強化消費者的自卑情感
	H6	相比理想自我一致，真實自我一致主要通過自信產生企業家品牌依戀
	H7	相比真實自我一致，理想自我一致主要通過自卑產生企業家品牌依戀
調節效應	H8　H8a	真實自我一致提高企業家品牌依戀強度的作用對類社會互動涉入度高的人更有效
	H8b	理想自我一致提高企業家品牌依戀強度的作用對類社會互動涉入度低的人更有效

為了驗證假設，本研究進行了兩次研究。研究一驗證消費者自我和企業家品牌依戀的主效應（H1-H3）以及類社會涉入度作為調節變量的效應（H8a 和 H8b）。研究二進一步驗證研究一併且從仲介情感的角度探討消費者自我對

企業家品牌依戀的情感作用機制。

二、變量定義及說明

本研究涉及的變量有：自我和諧（真實自我一致、理想自我一致）、仲介情感（自信和自卑）、類社會互動涉入度以及企業家品牌依戀量表。

（一）自我和諧

以往對於自我和諧的測量主要是聚焦兩方面：一方面可以讓研究者深入地瞭解自我和諧的內部結構，還有大眾自我和諧的水平；能通過自我和諧量表瞭解個體心理治療中自我和諧的改善狀況，而且能提高研究者心理治療中自我和諧改善因子，從而促進心理治療的發展，還能更深入瞭解心理健康。另外，Rogers認為大多數療效評估，主要是對症狀治療結果（如心身症狀、焦慮、抑鬱等的改善）的評估，而自我和諧量表的評價則是對症狀原因進行評價，這將對心理治療效果的評估和治療方法的整合起到一種積極的推動作用。

Rogers的自我和諧量表。Rogers在其臨床觀察和研究中，認識到自我與經驗之間的關係在心理治療過程中的變化情況，據此編製了一個測量心理治療過程中個體自我與經驗之間協調程度的改善，也就是自我和諧程度的改善情況的評定量表。此量表由七個維度構成，分別為情感及其個人意義、體驗、不和諧、自我交流、經驗的構成、與問題的關係以及關係的方式，每個維度都由七個等級構成。該量表為主要由治療者或其他的獨立評分者對病人在治療過程中的表現進行評定，然而由於它在評定上的局限性，該量表不適合作為一般性的研究工具（Wallker et al., 1960）。而且此量表中理想自我和自我之間差距的心理不協調指標受到個體生理年齡與智力的影響，因此此量表受到後人的質疑（普漢等，1985）。

王登峰的自我和諧量表（SCCS）。目前中國比較有影響力的自我和諧量表是王登峰的自我和諧量表（SCCS）。SCCS是王登峰根據Rogers評定量表編製的測量自我與經驗之間關係的一種自陳量表。該量表由三個分量表構成，分別為：自我與經驗的不和諧、自我靈活性以及自我刻板性。共35個項目，要求被試做五級評定。各分量表得分為其包含的所有項目得分之和。在計算總分時，自我靈活性需要反向計分。總分越高，自我和諧程度越低。該量表具有較好的信度和效度，並且各分量表的同質性信度分別高達0.85、0.81、0.64。由於該量表為自陳量表，被試自己即可完成測量，更容易推廣和廣泛應用（汪向東，1993）。

以上測量研究主要是集中於心理健康的相關因素，與積極情緒類的相關研

究很少。並且沒有區分自我概念。自我概念被定義為對「我是誰」的認知和情感上的理解，一般有兩種方式：真實自我和理想自我。真實自我基於自己的感知真實性（例如，我認為我現在是誰，是怎麼樣的），而理想自我是理想狀態的想像，這種想像是關於該人相信他或她將是什麼樣子的，或者是渴望成為怎樣子（Lazzari, Fioravanti and Gough, 1978；Wylie, 1979）。不管是哪種方式，消費者都能達到自我和諧，通過消費某個個性的品牌，該品牌是他或她視為類似於真實自我或是理想自我。真實自我和諧反應了消費者的真實自我同該品牌個性之間的匹配感知，而理想自我和諧是消費者的理想自我同該品牌個性之間的匹配感知（Aaker, 1999）。真實自我和諧品牌反應了消費者的真實自我（該品牌個性正如真實的我），然而，理想自我和諧品牌反應的是消費者渴望成為的樣子（該品牌個性如同我想要的）。

　　本研究對於真實自我使用 Sirgy 等人（1997）的量表，對此進行改編評估了理想自我和諧。假設自我和諧是一個整體的，類似格式塔的感知，Sirgy 等人（1997）表明，一種方法如果直接觸及自我和諧的心理體驗，將比傳統的測量（例如，數學差異指標）能更好地預見不同消費者行為（例如，品牌偏好和品牌態度）。

表 4.2　　　　　　　　　　　自我和諧量表

自我和諧	題項	內容
真實自我和諧	1	品牌的個性就像我如何看到我自己一樣
	2	品牌的個性是我自己的一面鏡子
理想自我和諧	1	品牌個性和我理想的自己是一致的
	2	品牌的個性就是我想要的

三、自信情感和自卑情感的測量

　　不難發現，「自卑感」經常被國內研究者當作「低自尊」或「低自我概念」來加以研究。其實，這不過是國內心理學研究跟隨西方心理學研究腳步的表現，把「低自尊」或「低自我概念」視為「自卑」來研究自卑也是西方心理學界常用的方法。詹姆斯認為，自尊取決於一個人已經做的事情和還沒有做的事情，已經做成功的事情讓個體感到自信，而沒有成功進行的事情讓個體感到自卑。Marsh 等人（1985）提出，自信由一種全面或一般的自尊感組成，通過 Rosenberg（1965）自尊來測量和考察自信；而 Richman（2007）採用 Rosenberg（1965）的自尊量表來測量自卑感，二者的研究均得到了廣泛的應用。

國內研究者關於自卑的實證研究基本上都沒有突出自卑感是在個體與他人進行比較的基礎上產生的這一特點，其關於自卑感的測量實際上是自我概念測量或自尊測量。在已有研究中，通常側重於情感上與自信的對立來界定自卑，而沒有對低自信與自卑進行區別。因此，本書的自信和自卑的測量雖然是根據 Rosenberg（1965）的自尊量表進行測量，但突出了個人與他人進行比較的語句，進行了語句調整。

表 4.3　　　　　　　　自信情感和自卑情感的量表

題項	內容
1	總的來說，A 讓我感覺自己很不錯
2	A 讓我覺得自己是一個有價值的人
3	A 讓我覺得自己也很有魅力
4	A 讓我對自己很滿意
5	總的來說，A 讓我傾向於認為自己是一個失敗者
6	A 讓我傾向於覺得自己是個失敗者
7	A 讓我覺得自己沒有多少值得驕傲的地方
8	A 讓我對自己不滿意

四、類社會互動涉入度（Para-social Involvement，PSI）的量表

Rosengren 和 Windahl（1972）是第一個試圖測量 PSI（Para-Social Interaction）的研究者。他們對自己的相對粗糙的自我分類系統的應答不太滿意，這個系統是基於他們的四分「涉入度」為兩種分類。隨後，有研究（Rosengren, Windahl, Hakansson and Johnsson-Smaragdi, 1976）開發出一種更為強大的測量工具。也是從定性數據出發，研究者開發一個 10 個問項的「涉入度」調查，其中的 3 個問項是代表 PSI 的單變量測量。但是作者在 PSI 量表和電視觀看深度之間只發現了弱相關。Nordlund（1978）也開發了一套量表，但是實際信度並不清晰。Levy（1979）開發了一個 4 個問項的 PSI 問卷，定性研究之後，改為 7 個問項的量表。Levy 的 PSI 也沒有進行實際效度檢測，並且信度也低於其他的量表。

後來，Houlberg（1984）提供了一個量表的 PSI 測量，有 5 個問項，但是他發現 PSI 和電視收視水平是無關的。A. Rubin，Perse 和 Powell（1985）開發

了 20 個問項的量表，隨後又開發了一個 10 個問項的量表，其信度系數為 0.88。儘管這兩個量表似乎比之前的量表要更強大。但是，像其他量表一樣，這些量表僅僅涉及單變量維度，因此並不能表達出這個構念的所有方面。相反，它似乎僅僅評估了個體識別他們的喜愛的人物。由於它沒有真正代表 PSI，所以也是有疑問的。基於這些問題，Philip J. A. 和 Philip P.（2000）嘗試開發類社會交互的多維度量表。22 個問項、4 大因子的受眾人物互動（API）(the Audience-Persona Interaction Scale) 量表。四個子量表分別是：喜愛人物的識別，自愛人物的興趣，群體識別/交互，喜愛人物的問題解決能力。在最開始的分析中，該指標和它的子量表被發現是非常可信的，與節目曝光水平是積極相關的。在結構效度測試中，發現通過 API 量表進行測量的 PSI 和收視水平之間只有輕微的線性相關關係。

以上研究者對於 PSI 的測量側重於互動，而本書研究涉及的類社會互動涉入度，其核心詞彙還是涉入度。對於「涉入度」的定義基本上取得一致，可以理解為與個人相關的程度和重要性程度（Park and Young；Van Trijp, Hoyer and Inman, 1996）。Lucia Malär 等人（2011）的研究也定義涉入度為「與自身的相關度」，而這種相關度取決於消費者對該品牌感興趣的程度以及該品牌對消費者的重要性程度。本研究將沿用 Lucia Malär 等人（2011）的研究，定義本研究中的「類社會涉入度」為「企業家品牌與消費者自我的相關度」，這種相關度取決於類社會互動情境中消費者對於企業家品牌感興趣的程度以及該企業家品牌對於消費者自我的重要性程度。本研究「類社會互動涉入度」根據 Lucia Malär 等人（2011）五個問項的量表進行類社會互動情境改編來確保我們的測量反應了這個構念在概念上的定義。

表 4.4　　　　　　　　　　類社會互動涉入度量表

題項	內容
1	A 對我來說是很重要的一個人
2	對於 A 的任何新聞或動態，我都會關注
3	我樂意將我的想法和我最喜歡的 A 的觀點進行比較
4	如果有機會，我願意親自去接觸 A

第五節 消費者-企業家品牌依戀的概念化與測量

普通人之間交流的象徵情感的認知過程（Planalp and Fitness, 1999）構成粉絲和名人之間的非人際間的類社交關係的基礎（Alperstein, 1991）。對於一些成年人來說，企業家品牌依戀顯然已經成為他們生命中一種極具意義的行為現象。然而社會科學領域卻鮮有實證研究關注這一事實，我們嘗試設計了一份結構化問卷以便更好地瞭解企業家品牌依戀的情感和認知機制方面的更多細節。通過隨後的數學統計方法，我們期待開發一個更加精確的概念。

一、消費者-企業家品牌依戀的基本原理

不可否認，人類的一切都是因為愛與被愛衍生而來。愛是我們所有行為的驅動力。模仿偶像正是依戀的表現。我們喜歡模仿偶像的穿著打扮或者言行舉止。角色扮演就是粉絲以具體行動來表達對某個角色的熱愛，因為喜愛這個角色才會開始玩角色扮演。角色扮演出自人們心中對各種版本人生所存在的渴望。消費者喜歡上一個品牌，就是認同一個品牌所代表的精神，將自我投射到這個品牌。我們選擇使用這個品牌，因為我喜歡，因為可以展現自我、肯定自我。在媒介無所不在的環境中，人們會對某些影響留下記憶，迷戀某個名人或者購買完全不需要的昂貴奢侈物品，這些消費經驗都是無法以理性來分析的。人們潛意識的情緒與渴望，在消費過程中扮演關鍵角色。

營銷實踐中，消費者會對企業家品牌形成依戀。然而，這方面的理論研究卻相對滯後。過去的文獻中證明了名人品牌依戀的存在，但研究中名人品牌的選擇多半聚焦在娛樂明星（Perse and Rubin, 1989; Rubin and McHugh, 1987; Auter and Palmgreen, 1992）、體育名人（Serwer, 2001）、政界名人（Navik and Zerrusen, 2005）和電視主持人（Houlberg, 1984; Perse, 1990; Stephens, Hill and Bergman, 1996）等，鮮有提及企業家品牌依戀。既然知名企業家也屬於名人，那麼一定也存在消費者依戀。

圍繞企業家的一些公開的活動和生活報導會深刻影響一些人，引起粉絲們輕度甚至重度的行為反應。例如，對於企業家的認同可能源自那些社會地位不穩定的人逃避現實的一種方式（Wlillis, 1972）。還有更加極端的情況就是，當一個企業家突然逝去時他的粉絲們會感受到喪親之痛，猶如自己剛剛還活著的深愛的人突然死去後的悲傷和痛苦（Rosenblatt, Wlasd and Jackson, 1976）。

例如，蘋果「教父」喬布斯。對於蘋果公司來說，喬布斯是無可爭議的靈魂，在激發天才們的創造力、人格化消費者認知、增強市場信心等方面，這個角色無可替代。2011年10月5日，喬布斯的逝世讓無數人震驚，尤其是對企業界的人來說，當然還有對很多「果粉」而言。一時間，引發全世界的緬懷，史無前例。騰訊的馬化騰說：「這一刻，沒有一個人的離世能讓全世界的人同時感到如此的痛心和惋惜，他是我的偶像，也是幾乎所有人士的朋友心目中的敬重的商業領袖，他完美的科技和藝術的結合，創造了世界上最優雅的產品，不僅留下了市值最高的公司，更留下了人們對他深深的懷念，我們還能崇拜誰呢？」2015年，當當網的出版事業部總經理陳立均稱，去年該公司的企業家主題圖書銷量較前一年猛增50%。報導稱，企業家似乎已經變得與流行明星沒有太大區別，瘋狂的粉絲會到網上瞭解自己商業偶像的動態。上海的天使投資人認為，「企業家崇拜」在中國的興起在一定程度上是因為現今有很多企業老板很高調，成功的企業家可以是年輕人的好榜樣。門徒，泛指學子與傳道授業者之間的關係，它可以用來形容公眾對馬雲的「英雄式」的個人崇拜。

上述事實表明，對於企業家的欣賞和情感依戀無非分為兩大類。第一類，輕度的形式，包括「粉絲俱樂部」，迎合了粉絲們內向和本能的需求（Stever, 1995）。另一類，即一種極端的表現，比如，跟蹤和對名人做出一些不恰當的回應（Dietz, Mattews, VanDuyne et al., 1991），涉及信任問題以及培養和保持關係的能力（Meloy, 1998）。

「依戀」和「名人崇拜」都是與自我相關的一種情感和認知。由於企業家品牌依戀和名人崇拜一樣，都是基於類社會互動中形成的一種情感和認知，這一點不同於過去的依戀文獻和品牌依戀文獻。因此，在對消費者-企業家品牌依戀量表的開發中，重點考察了名人崇拜的相關文獻。在過去的對於名人依戀或名人崇拜的研究討論中，有一些研究人員將名人依戀看成是單個變量，而其他一些假設卻把名人崇拜視為由多個變量組成。

二、現有的量表

由於在企業家品牌依戀的文獻回顧部分，本研究已經就「品牌依戀」和「名人依戀」方面的量表進行了述評。本研究主要是探尋企業家品牌依戀的情感機制，前面的文獻回顧表明，「企業家品牌依戀」和「名人崇拜」是非常類似的情感。因此，在這裡主要就現有文獻中名人崇拜有關的量表進行述評。

主要有四種：第一種，Rubin, Perse 和 Powell（1985）研發的具有20個問項的擬社會互動 Para-social Interaction Scale（PSI）量表，是用來測量電視觀

眾和新聞主播進行擬社會互動程度的一種量表。因子分析表明這個量表中已近一半的變量都是圍繞著單個因素。這樣的重複問項內容包括有：「這個主播讓我感覺很舒服，似乎我們關係就像朋友之間的關係一樣」「我最喜歡主播就像是我的老朋友一樣」和「我最喜歡的主播……很有吸引力」等。擬社會互動和新聞的親和力有關（r=0.61）並且得出新聞可信度的系數 r=0.47。PSI 量表之後被 Rubin 和 McHugh（1987）改造成用來表達最喜愛的電視節目演員。測試結果發現，PSI 量表得分高的人傾向於認為他們喜愛的演員具有社交吸引力（r=0.35），並且將觀眾和這些表演者的擬社會關係賦予了極大的價值（r=0.52）。這些結論特別契合青少年名人偶像（Greene 和 Adams Price，1990）。

另外有學者找到了名人崇拜由多因素組成的證據。特別是 Stever（1991）開發了名人吸引力問卷 Celebrity Appeal Questionnaire（CAQ），用於「理清和擬社會吸引力有關的結構」。該問卷共 26 個問項分為四個因子：性吸引、英雄/角色榜樣、娛樂、神祕感。以流行音樂天王邁克·杰克遜為例，從前三個因素的得分能夠成功地預測出「你是一個多忠心的粉絲？」。後來，Wann（1995）又研發了具有 23 個問項的名為體育粉絲動機量表 Sport Fan Motivation Scale（SFMS）。因子分析歸納出體育粉絲的八大動機：自尊、逃避、娛樂、家庭、群體歸屬、審美的、積極壓力（良性應激）或興奮以及經濟的。SFMS 量表的總得分和體育粉絲的自我報告相關係數為 0.70，和周邊朋友多大程度是體育粉絲的得分的相關性系數為 0.55。

上述所有的問卷以古典測試理論的觀點來看都有足夠的信度。而且找到了結構效度的證據，因為至少有一些問題清楚地表達了名人崇拜。同時，也暴露出一些問題。比如，眾所周知個別問項的因子分析表明了他們的維度測試不充分（Comrey, 1978; Panter, Swygert, Dahlstrom and Tanaka, 1997），並且計算機模擬（Lange, Irwin and Houran, 2000）。結果表明，由於回應偏差可能會存在「幻想因素」。另外，早前的問卷在表達具體的名人種類的時候，範圍比較局限（例如，新聞主播、搖滾明星和體育明星）。傳統的這些量表都有一個局限是它們都只能以犧牲測量其他類別的名人來達成只測量一種特殊的名人類別（例如，新聞主播、搖滾明星和體育明星）的目的。例如，Wann（1995）開發的 SFMS 量表（更適合用來測試體育明星），當測試運用在競技體育之外的名人的測試上時，其中的經濟因子似乎是不相關的。同樣，當評價一個搖滾明星時，SEMS 量表的性吸引因子可能是相關的，然而它不太可能適用於宗教和

文學領域的名人。Lynn E. McCutcheon，Rense Lange 和 James Houran（2002）開發出了一個一維的有 17 個問項的名人崇拜量表 CWS。這個量表有著良好的心理測量學特性和信度（信度為 0.71~0.96）。而且，經過測試表明，還具有很好的結構效度。此外，這個量表的問項因為性別、年齡、最喜愛的名人的類型、抑或是名人崇拜程度的不同而產生的誤差可以忽略不計。

接下來，我們就運用 Rasch Scaling 方法，開發出消費者-企業家品牌依戀量表。

三、Rasch Scaling

作為一種潛在特質模型，Rasch 模型通過個體在問項上的表現來測量不可直接觀察的、潛在的變量。Rasch 模型中的量尺可以避開傳統測量理論中樣本依賴的情況，屬於客觀測量。為了獲取一個嚴格定義的消費者-企業家品牌依戀量表，我們沿用了 Lynn E. McCutcheon，Rense Lange 和 James Houran（2002）的做法，使用 Rasch Scaling 方法。該方法將被測試者的回答作為由這些問項指向的這個潛變量的函數，假設這個潛變量反應出消費者-企業家品牌依戀，並且通過等級量表（或評定量表）進行評估（Wright and Masters, 1982）。既然這樣，Rasch Scaling 敘述了第 N 個被試者當面對 I 問項時，要麼給出 J 等級（用 $P_{n,j}$ 表示）要麼給出 J-1 的等級（用 $P_{ni}(j-1)$）的可能性，可以用下列方程式（1）（Linacre，1994）表述：

$$\log(P_{nij}/P_{ni}(j-1)) = \theta_n - \Delta_i + \delta_{ij} \qquad (1)$$

在這個方程中，構建 θ_n（消費者-企業家品牌依戀水平）為概率值的加性函數，Δ_i（問項中隱含的依戀水平）和 具體問項 δ_{ij}（增量參數）量化名人崇拜的增量。考慮到方程式（1）左邊的比值，θ_n、Δ_i 和 δ_{ij} 用邏輯值來表示。因此，各個參數的邏輯值事先是不知道的，必須通過 Rasch Scaling 軟件進行估計。這樣的操作也提供了問項和類別量表的分類匹配性的重要信息，還有兩種形式的卡方擬合指標：Outfit Mean Square 和 Infit Mean Square。這些擬合指標都是由殘差計算而來，它們的取值範圍介於 0 到正無窮大。理想值為 1，意味著實際數據完全與 Rasch 模型相擬合。大於 1 表示實證數據的變異數多於 Rasch 模型的預期；小於 1 表示實證數據的變異數少於 Rasch 模型的預期。從測量的角度來看，大於 1 的負面影響要大於「低於 1」的數據。一般來說，0.7~1.3 都可以被接受，但實際操作過程中的可接受的取值範圍在很大程度上取決於研究目的。

1. 信度

Rasch 測量根據標準誤差 SE$_\theta$ 來確定 θ 的信度，當然標準誤差 SE$_\theta$ 是通過軟件計算出來的，在沒有偏差的情況下，這些標準差都是樣本獨立的。SE$_\theta$ 是局部的，隨著測量發生變化，會達到一個極值。根據古典的測量理論，這意味著測量的信度隨著極值發生變化。為了考察這種變化，研究者（Daniel，1999）定義 Rasch 信度系數為：

$$R_\theta = 1 - SE_\theta^2 / S_\theta^2 \qquad (2)$$

這裡的 S$_\theta$ 表示個體測量 θ 的標準差。方差（2）中，SE$_\theta$ 替代古典測量理論的信度定義。為了簡單起見，下標 θ 在後面的行文中省略掉。

2. 維度

可接受問項的 Infit 和 Outfit 值表明，Rasch 變量是一維的（Hattie，1985），但是，這個標準在正交因子情況下是行不通的（Smith，Shumaker and Bush，1998）。幸運的是，通過 Winsteps' 的主成分因子分析。當多維存在的情況下，能使用 ConQuest 軟件拓展 Rasch 測量為多維模型。除了估計因子之間正相關之外，ConQuest 還能提供擬合指數 χ^2。因此，不同維度的嵌套模型都可以進行檢測。以上的每一種方法都將用來開發消費者-企業家品牌依戀的維度。

3. 問項偏差

方程（1）的 Δ 不是被試指數 n 的下標，這個參數被假定為被試者之間是不變的。違反不變意味著，不同被試者通過不同方式回答同一問題（Lange，Irwin and Houran，2001），這就將偏差引進個體測量 θ。因此，我們排除了和被試年齡或性別有偏差的問項。正如前面提到的，本研究的主要目的之一就是創建一個量表，能夠運用到不同的企業家品牌類型。因此，我們也排除了那些有企業家品牌類型偏差的問項。事實上，消費者-企業家品牌依戀是有程度上的差異，這就意味著，不管被試者的依戀水平如何，所有的問題應該是一樣的。當然，結果並不要求一樣。然而，所有的被試者應該對每一個問項表達消費者-企業家品牌依戀的陳述的程度取得一致意見。這個假設可以通過比較問項的位置進行檢測。

四、方法

1. 樣本

本研究涉及的被試者限定在成年人範圍，共計 277 名，其中女性 107 人，男性 170 人。被試者的年紀從 23~55 歲（M=31，SD=11.7）。89%的被試者接受過大學教育。

2. 問項組成

在構造消費者－企業家品牌依戀量表問項的時候，我們使用了 Thomson（2005）的 10 個問項的品牌依戀量表作為一個起始點，選擇情感表達的 5 個問項。另外，結合了 Park 等人（2006）的品牌依戀的概念模型。具體上，表達企業家前臺化事件的 6 個問項（例如，我喜歡這個企業家是因為他或她的娛樂價值）（感官上的享樂），另外 6 個問項表達社交或群體歸屬動機（我喜歡和我的朋友討論我所喜愛的企業家的所作所為）（身分和價值觀上的豐富），5 個問項用來測量自尊（我喜愛企業家的成功也是我的成功）（創建效能感），6 個問項試圖測量避世（看到我喜愛的企業家的新聞可以讓我不顧殘酷的世界而獲得暫時的愉悅感）（情感上的承諾）。最後，5 個問項表達痴迷成分（當我喜愛的企業家死了，我也感覺心痛得無法呼吸）（避免失去依戀時的焦慮不安）。家庭因素被排除在外，因為花很多時間和家人在一起的人不太可能是粉絲（Wann, Schrader and Wilson, 1999）。

以上 33 個問項全部是 5 分李克特量表，5 代表強烈同意，1 代表強烈不同意，3 代表不確定或中立。除了 6 個問項之外，其餘的問項都是積極的態度。

3. 對企業家感興趣的程度

本研究考察的是企業家品牌依戀和一些廣為人知的事件的相關度。首先要求被試者對一系列的企業家相關的新聞報導（喬布斯逝世、王健林的「先賺一個億」和馬雲的「功守道」）進行排序（7 級李克特量表，1 表示非常不瞭解，表示非常瞭解）。然後，要求被試者對企業家的興趣度進行打分，使用 7 級量表，1 表示幾乎沒興趣，7 表示有強烈的興趣。

4. 分析軟件

大部分的 Rasch 測量分析通過 Facets 來執行。此外，用 Winsteps 和 ConQuest 研究問項的維度。

5. 分析結果

運用自上而下的淨化方法（Lange et al., 2000a, 2000b），最弱契合度的偏差問項首先就被剔除掉了。表 4.4 剩下 17 個問項，大多數問項有 Infit 和 Outfit 統計值（範圍在 0.7~1.3）。只有 2 個數字不在這個範圍內，用粗體標示。問項 18 和問項 23 稍微有點多餘，因為他們的 Outfit 低於 0.7。但是，被保留下來的原因是，為了達到一個最理想的類別匹配，需要有兩個不同的等級量表體系。表 4.4 的頂部列出的 7 個問項和其餘的問項（底部）的等級需要重新編碼。結果表明，問項 17 的位置對於年輕和年長被試、男性和女性以及名人類別大約是一樣的。Facets 的多類題測試表明沒有偏差（$\chi_{268}^2 = 72.2$, p>

0.20）。企業家類別無偏差特別重要，因為這就意味著，表 4.5 的問項定義了一個通用的量表。總的來說，表 4.5 的 17 個問項構成了我們的企業家品牌依戀量表。

表 4.5　17 個問項組成的企業家品牌依戀量表的基本屬性

題項	Δ°	SE	Infit	Outfit
1. 我和我的朋友喜歡談論我最喜歡的企業家的所作所為	-0.31	0.12	0.9	1.1
2. 我喜歡觀看、閱讀和收聽有關我最愛企業家的一切新聞動態，因為對我而言是一段快樂的時光	-1.98	0.11	1.3	1.3
3. 我樂於告訴別人我所崇拜的企業家是誰	-1.12	0.10	1.1	1.1
4. 學習我最喜歡企業家的生命故事充滿了樂趣	-1.40	0.09	1.2	1.3
5. 很高興與喜歡我最喜愛的企業家的人待在一起	-0.70	0.21	1.1	1.0
6. 當身處一大群人中的時候，我喜歡看到或聽到我最喜歡的企業家的事情	-0.81	0.12	1.0	1.0
7. 持續跟蹤我最喜愛企業家的新聞是一種快樂的消遣方式	-1.09	0.09	1.2	1.1
8. 我對我最喜愛企業家的生活很著迷	1.69	0.14	1.2	1.2
9. 當我最喜歡企業家有好事發生的時候，我覺得就像我自己有好事一樣	1.31	0.11	0.9	0.8
10. 我擁有我最喜愛的企業家的出版物和紀念品	0.29	0.14	1.2	1.2
11. 我最喜愛的企業家的成功也是我的成功	0.60	0.13	1.1	1.1
12. 對我來說，「追隨」我最喜愛的企業家就像是白日夢，可以暫時讓我忘卻生命的不堪	-0.22	0.11	0.9	1.2
13. 我經常不由自主地想到我最喜愛的企業家，即便我不想這樣	0.83	0.14	0.9	0.8
14. 當我最愛的企業家死了的時候，我覺得我也像死了一樣	0.11	0.13	0.8	0.9
15. 當我最愛的企業家發生不好的事情，我感覺就像發生在我身上一樣	0.67	0.16	0.9	0.6
16. 我常常強迫自己去習得我最愛的企業家的個人習慣	-0.22	0.15	0.8	0.9
17. 當我最愛的企業家在某件事情上失敗了，我感覺就像我自己失敗了一樣	1.15	0.17	0.8	0.6

五、總結和討論

通過 Rasch Scaling 我們開發出了具有 17 個問項的企業家品牌依戀量表，這個量表有著可接受的信度（信度為 0.69~0.97）。需要強調的一點是，這個量表的問項因為性別、年齡、企業家的類型，抑或是企業家品牌依戀強度的不同而產生的誤差可以忽略不計。正是基於此，企業家品牌依戀量表才能夠被用來比較被試的不同類型的企業家品牌的依戀強度。和本研究預期一致的是，企業家品牌依戀量表中也有「著迷的成分」，這一點符合以往對「名人崇拜」研究中有關病理學方面的特徵強調。雖然，我們的研究結果表明企業家品牌依戀是一維的，但是通過標準的因子分析得出來的因素的數目是否能和通過 Rasch 分析得出的問項的維度保持一致，都是一個令人困擾的話題（Lynn E. M., Rense L. and James H., 2002）。

雖然從心理學角度來說，企業家品牌依戀量表是一個一維結構的量表，問項中顯示出了企業家品牌依戀的維度在質的區別上還是相當大的。有的企業家品牌依戀是為了尋找情感寄托和娛樂；然而對高水平的企業家品牌依戀水平的人來說，企業家品牌依戀就是他們的一種不可或缺的社交活動。本研究認為，企業家品牌依戀的情感就像光譜或色帶一樣，只有呈現程度上的區別，也許最高就代表了痴迷，出現強迫的特徵，消費者和企業家關係就真成了「粉絲」和「明星」的關係。

第五章　企業家品牌依戀情感研究數據搜集、分析與假設檢驗

企業家品牌依戀情感機制實證研究包含兩個研究：研究一和研究二。研究一：驗證主效應和調節效應。研究二：研究仲介效應。

第一節　研究一的數據搜集和樣本

一、研究對象的選取

在本書的研究中，研究對象包括被試者和企業家品牌。

被試者的選取。通過電子郵件、qq 和微信邀請被試者參與實驗，保證參與的被試者均為成年人，一共獲得 227 名被試者。但是由於我們設有「企業家興趣度」操控，剔除無效被試者 89 人。最終，研究一獲得有效被試者 183 人（見表 5.1）。這些被試包括大學營銷系的學生；政府機構的雇員以及企事業單位員工。為了提高被試者的積極性，本研究還提供了「紅包」激勵。

表 5.1　　　　　　　　　樣本的組成

樣本來源		研究一（%）
性別	男性	46.1
	女性	53.9
平均年齡		24.5

表5.1(續)

樣本來源		研究一（%）
職業	雇員	17.1
	學生	63
	其他	19.9

在發送給被試者的電子郵件以及其他互動工具中包含問卷文檔。被試點擊「問卷星」連結後填寫一份在線問卷，問卷中涉及的企業家品牌是隨機分配的。每一個被試者只能回答一個品牌的問卷。在問卷的開頭，首先要回答對該企業家的熟悉度，用的是 Ken 和 Allen（1994）的品牌熟悉度量表，根據本研究的需要對表述方式進行了稍許調整。此量表為李克特5分計量（1＝非常不同意，5＝非常同意），包括3個問項，分別為：①我感覺 XYZ 對我而言很親近；②我感覺我對 XYZ 很熟悉；③我知道 XYZ 這個人。

被試者只有在對企業家品牌整體品牌熟悉度評價中得分在3.5分以上（包含3.5分）者，才能繼續填寫該問卷。由於是通過電子問卷的方式，不能依據被試者的回答隨時終止測試，所以在統一回收問卷之後對熟悉度量表進行了仔細辨別，剔除了89份無效問卷，研究一的問卷有效率為67.3%。

企業家品牌的選取。本研究的分析對象是對個體消費者和某個具體的熟悉的企業家品牌之間的個體品牌關係。本研究具體涉及的企業家品牌有8個（分別為王石、潘石屹、馬化騰、馬雲、任正非、張瑞敏、李彥宏和張朝陽），來自於不同行業（地產業25%，通信電子類12.5%，製造業12.5%，互聯網產業50%）。這些企業家品牌來自於網易新聞分析的結果，根據這些企業家新聞出現的次數統計出來的（最初樣本抽取時間為2011年年底，後於2016年年底進行復檢修正），並且這些企業家的新聞均包含著正面和負面新聞，某種程度上保證了這些企業家品牌的質的均勻和消費者的熟悉度。

本研究測試了學生樣本的回答和其他被試樣本回答的相關度，對關鍵構念進行了均值差異檢測。結果發現，學生樣本和其他樣本之間在研究框架中的所有構念上沒有顯著差異。因此，將所有的被試回答集合在一起分析是可行的。此外，本研究通過卡方檢驗對真實自我一致和理想自我一致對企業家品牌依戀的效應進行分析，發現學生組和其他被試組並沒有顯著差異（研究一：$\triangle x^2_{actual-self}=1.12$，$\triangle x^2_{ideal-self}=0.02$）。

此外，在兩次研究中，對回收的問卷日期進行仔細編碼。問卷跨度時間（第一次發放時間在2012年1—2月份，第二次發放時間為2017年2—3月

份)。不同時間發放的問卷,在研究框架的所有構念上和人口統計指標上發現沒有顯著差異。根據 Armstrong and Overton(1977),這就意味著我們的數據回答偏差不是問題。

第二節 研究一的研究程序

本研究所有涉及的量表均在第四章進行了詳細論述。問卷中的構念使用 5 分李克特量表(1 = 非常不同意,5 = 非常同意)。在進行正式的問卷發放前,進行了小規模的預測試。第一次預測試的對象均為 33 名管理類學生。通過預測試發現了問卷中存在的一些問題,主要是情景設計、語句表述以及問卷的編排。修繕後進行了第二次預測試,並再次完善問卷。

自我覺知處於一個人自我感覺的核心,導向自我的能力有基本的個人的、社會的和文化的結果(May,1967)。根據最初的自我覺知理論 Self-Awareness Theory(Duval and Wicklund,1972),自我集中的注意力使得人們更加意識到自己的態度和信念(Gibbons,1990)。最初的自我覺知理論(Duval and Wicklund,1972)始於這樣的假設,也就是在任何給定的時間裡,人們的注意力可能集中於他們自身或是集中於環境,但不是同時。當信息與我們的自我相關時,我們就會對它進行快速地加工和很好的回憶(Higgins and Bargh,1987)。

自變量的測量。真實自我使用 Sirgy 等人(1997)的量表,理想自我使用 Lucia Malär 等人(2011)改編後的量表。具體的測量過程採取兩步驟的方法:首先讓被試者花上幾分鐘的時間思考並且準確地描述熟悉的企業家品牌的個性;接下來,被試者要求思考他們對自己的看法以及他們將如何描述他們自己的個性真實自我。完成之後,被試提交他們對真實自我感知的整體匹配度評價。理想自我和諧是採用同樣的程序。

因變量的測量。本研究的因變量是企業家品牌依戀。本研究的因變量是企業家品牌依戀,本研究採用的是 Thomson 等人(2005)的依戀量表,根據本研究的需要進行了稍許改編。根據 Thomson 等人(2005)的觀點,依戀包括三個二階因子(Affect,Passionate and Connected)。為了使得研究模型中的所有構念的數量在一個層面上,本書根據 Little 等人(2002)的觀點,對企業家品牌依戀的三個層面上的每一個層面的得分進行平均,然後用三個均值作為企業家品牌依戀這個更高階構念的指標值。

仲介變量的測量。國內研究者關於自卑的實證研究基本上都沒有突出自卑

感是在個體與他人進行比較的基礎上產生的這一特點，其關於自卑感的測量實際上是自我概念測量或自尊測量。在已有研究中，通常側重於情感上與自信的對立來界定自卑，而沒有對低自信與自卑進行區別。詹姆斯認為，自尊取決於一個人已經做的事情和還沒有做的事情，已經獲得成功的事情讓個體感到自信，而沒有成功進行的事情讓個體感到自卑。Marsh et al.（1985）提出，自信由一種全面或一般的自尊感組成，通過 Rosenberg（1965）自尊來測量和考察自信；而 Richman（2007）採用 Rosenberg（1965）的自尊量表來測量自卑感，二者的研究均得到了廣泛的應用。因此，本書的自信和自卑的測量雖然是根據 Rosenberg（1965）的自尊量表進行測量，但突出了個人與他人進行比較的語句，進行了語句調整。

調節變量的測量。類社會涉入度根據 Lucia Malär 等人（2011）的量表進行情境改編，主要包括「感興趣程度」和「重要性程度」。

第三節　研究一的數據分析結果

一、探索性因子分析

此外，在本研究中，還需要進行因子區分度檢驗的變量有類社會互動涉入度。對類社會互動涉入度的因子分析顯示，類社會互動涉入度分為兩個因子，累積解釋方差為 56.3%。第一個因子反應了企業家品牌對個體的重要性程度（例如，「就我個人而言，XYZ 是重要的」「相對於其他企業家而言，XYZ 對我來說更重要一些」）；第二個因子反應個體對企業家品牌感興趣的程度（例如，「只要有 XYZ 的新聞，我都會關注。」「我願意親自去接觸 XYZ。」）。根據因子分析結果，採用 K-means 的方法按照被試者在這兩個因子上的得分將他們分類：高分組（$n=86$）和低分組（$n=97$）。

二、變量基本性質分析

關於研究模型中各變量的相關係數和信度係數（Cronbach's α）見表 5.2。分析表明，本研究所使用的測量量表有足夠的信度。

表 5.2　　　　　　　　　　標量的基本性質分析結果

構念	真實自我一致	理想自我一致	企業家品牌依戀	類社會涉入度高	類社會涉入度低	信度
真實自我一致	—					0.73
理想自我一致	0.62**	—				0.77
企業家品牌依戀	0.44**	0.51**	—			0.86
類社會涉入度高	0.37**	0.34**	0.67**	—		0.79
類社會涉入度低	0.36*	0.31**	0.62**	0.33**	—	0.86

三、驗證性因子分析：主效應

本研究用 SPSS 17.0 對我們的框架模型（剔除仲介情感的模型）進行了檢驗。真實自我一致和理想自我一致在結構方程中是彼此相關的。整體擬合度不錯（x^2/d.f. = 4.763，RMSEA = 0.069，SRMR = 0.37，NFI = 0.983，NNFI = 0.971）。

此外，基本的參數估計見表 5.3。結果表明，真實自我一致和企業家品牌依戀之間強烈的正相關，支持 H1。理想自我和諧對企業家品牌依戀的影響顯著，支持 H2。這兩個路徑係數的值對於假設 H3 並沒有提供了支持。理想自我一致對企業家品牌依戀的影響要強於真實自我依戀。

表 5.3　　　　　　　　　　假設檢驗結果

		感知真實自我一致—企業家品牌依戀		$\triangle x_2$	感知理想自我一致—企業家品牌依戀		$\triangle x_2$
		Standardized Estimate	t-Value		Standardized Estimate	t-Value	
模型 1（去掉仲介）		0.546**	6.962		0.518**	4.279	
調節模型	類社會涉入度高	0.592**	5.329	5.617*	-0.077	-1.143	5.761*
	類社會涉入度低	0.231**	3.724		0.536**	4.914	

註：** $p<0.01$；* $p<0.05$

四、類社會涉入度的調節作用

從表 5.3 中可以得知，類社會互動涉入度的調節作用是顯著的。如果在類

社會涉入度高的情況下，感知真實自我一致對企業家品牌依戀有正向的影響（r=0.59，p≤0.01），H8a 得到支持。並且感知理想自我一致僅僅當類社會涉入度情況下，才會對企業家品牌依戀有正向影響（r=0.54，p≤0.01），H8b 得到了支持。

本研究顯示，真實自我一致與理想自我一致都能提高企業家品牌依戀。而且真實自我一致對於提高類社會互動程度高的消費者的企業家品牌依戀更有效，理想自我一致對於提高類社會互動程度低的消費者的企業家品牌依戀更有效。

研究一雖然證實了自我和諧對企業家依戀的影響作用，但是沒有回答自我和諧通過何種情感機制作用於企業家品牌依戀。鑒於仲介情感對於最終情感的重要作用，本研究通過研究二探討自我和諧對仲介情感的作用。

第四節　研究二的數據搜集和樣本

一、研究對象的選取

研究二被試者的選取。通過電子郵件、qq 和微信邀請被試者參與測試，保證參與的被試者均為成年人，一共邀請到 355 名被試者。但是由於我們設有「企業家興趣度」測量，剔除無效被試 134 人。最終，研究一獲得有效被試者 221 人（見表 5.4）。這些被試者包括大學營銷系的學生，政府機構的雇員以及企事業單位員工。為了提高被試者的積極性，本研究還提供了「紅包」激勵。

表 5.4　　　　　　　　樣本的組成

樣本來源		研究二（%）
性別	男性	45.8
	女性	54.2
平均年齡（歲）		26.8
職業	雇員	37.8
	學生	53.1
	其他	9.1

在發送給被試者的電子郵件以及其他互動工具中包含問卷文檔。被試者點擊「問卷星」連結後填寫一份在線問卷，問卷中涉及的企業家品牌是隨機分

配的。每一個被試者只能回答一個品牌的問卷。在問卷的開頭，首先要回答對該企業家的熟悉度，用的是 Ken 和 Allen（1994）的品牌熟悉度量表，根據本研究的需要對表述方式進行了稍許調整。此量表為李克特 5 分計量（1＝非常不同意，5＝非常同意），包括 3 個問項，分別為：①我感覺 XYZ 對我而言很親近；②我感覺我對 XYZ 很熟悉；③我知道 XYZ 這個人。

被試者只有在對企業家品牌整體品牌熟悉度評價中得分在 3.5 分以上（包括 3.5 分）的，才能繼續填寫該問卷。由於是通過電子問卷的方式，不能依據被試者的回答隨時終止測試，所以在統一回收問卷之後對熟悉度量表進行了仔細辨別，剔除了 134 份無效問卷，研究二的問卷有效率為 61.2%。

企業家品牌的選取。本研究的分析對象是對個體消費者和某個具體的熟悉的企業家品牌之間的個體品牌關係。本研究具體涉及的企業家品牌有 8 個（分別為王石、潘石屹、馬化騰、馬雲、任正非、張瑞敏、李彥宏和張朝陽），來自於不同行業（地產業 25%，通信電子類 12.5%，製造業 12.5%，互聯網產業 50%）。這些企業家品牌來自於網易新聞分析的結果，根據這些企業家新聞出現的次數統計出來的（時間從 2016 年 9 月份至 2016 年 12 月份），並且這些企業家的新聞均包含著正面和負面新聞，某種程度上保證了這些企業家品牌的質的均勻和消費者的熟悉度。

本研究測試了學生樣本的回答和其他被試樣本回答的相關度，對關鍵構念進行了均值差異檢測。結果發現，學生樣本和其他樣本之間在研究框架中的所有構念上沒有顯著差異。因此，將所有的被試回答集合在一起分析是可行的。此外，本研究通過卡方檢驗對真實自我一致和理想自我一致對企業家品牌依戀的效應進行分析，發現學生組和其他被試組並沒有顯著差異（研究二：$\triangle x^2_{actual-self}=2.13$，$\triangle x^2_{ideal-self}=0.87$）。

此外，在兩次研究中，對回收的問卷日期進行仔細編碼（問卷發放時間跨度為 2017 年 2 月 23 日至 2017 年 3 月 9 日）。對在 2017 年 3 月 2 號之前回收的問卷和 3 月 3 至 9 日回收的問卷進行分析，在研究框架的所有構念上和人口統計指標上發現沒有顯著差異。根據 Armstrong and Overton（1977），這就意味著我們的數據回答偏差不是問題。

第五節　研究二的測量

本研究所有涉及的量表均在第三章進行了詳細論述。問卷中的構念使用5分李克特量表（1＝非常不同意，5＝非常同意）。在進行正式的問卷發放前，進行了小規模的預測試。第一次預測試的對象均為58名管理類學生。通過預測試發現了問卷中存在的一些問題，主要是情景設計、語句表述以及問卷的編排。修繕後進行了第二次預測試，並再次完善問卷。

自我覺知處於一個人自我感覺的核心，導向自我的能力有基本的個人的、社會的和文化的結果（May，1967）。根據最初的自我覺知理論Self-Awareness Theory（Duval and Wicklund，1972），自我集中的注意力使得人們更加意識到自己的態度和信念（Gibbons，1990）。最初的自我覺知理論（Duval and Wicklund，1972）始於這樣的假設，也就是在任何給定的時間裡，人們的注意力可能集中於他們自身或是集中於環境，但不是同時。當信息與我們的自我相關時，我們就會對它進行快速地加工和很好的回憶（Higgins and Bargh，1987）。

自變量的測量。真實自我使用Sirgy等人（1997）的量表，理想自我使用Lucia Malär等人（2011）改編後的量表。具體的測量過程採取兩步驟的方法：首先讓被試者花上幾分鐘的時間思考並且準確地描述熟悉的企業家品牌的個性；接下來，被試者要求思考他們對自己的看法，以及他們將如何描述他們自己的個性真實自我。完成之後，被試提交他們對真實自我感知的整體匹配度評價。理想自我和諧是採用同樣的程序。

因變量的測量。本研究的因變量是企業家品牌依戀。本研究的因變量是企業家品牌依戀，本研究採用的是Thomson等人（2005）的依戀量表，根據本研究的需要進行了稍許改編。根據Thomson等人（2005）的觀點，依戀包括三個二階因子（Affect、Passionate and Connected）。為了使得研究模型中的所有構念的數量在一個層面上，本書根據Little等人（2002）的觀點，對企業家品牌依戀的三個層面上的每一個層面的得分進行平均，然後用三個均值作為企業家品牌依戀這個更高階構念的指標值。

仲介變量的測量。國內研究者關於自卑的實證研究基本上都沒有突出自卑感是在個體與他人進行比較的基礎上產生的這一特點，其關於自卑感的測量實際上是自我概念測量或自尊測量。在已有研究中，通常側重於情感上與自信的對立來界定自卑，而沒有對低自信與自卑進行區別。詹姆斯認為，自尊取決於一個人已經做的事情和還沒有做的事情，已經做成功的事情讓個體感到自信，

而沒有成功進行的事情讓個體感到自卑。Marsh 等人（1985）提出，自信由一種全面或一般的自尊感組成，通過 Rosenberg（1965）自尊來測量和考察自信；而 Richman（2007）採用 Rosenberg（1965）的自尊量表來測量自卑感，二者的研究均得到了廣泛的應用。因此，本書的自信和自卑的測量雖然是根據 Rosenberg（1965）的自尊量表進行測量，但突出了個人與他人進行比較的語句，進行了語句調整。

調節變量的測量。類社會涉入度根據 Lucia Malär 等人（2011）的量表進行情境改編，主要包括「感興趣程度」和「重要性程度」。

第六節　研究二的數據分析結果

一、因子分析

本研究對仲介情感進行了因子分析。分析結果顯示，仲介情感可以分為兩個因子，累積解釋方差為 80.11%。從第一個因子所包含的語句看（總的來說，XYZ 讓我對自己很滿意，XYZ 讓我覺得自己是一個有價值的人，XYZ 讓我覺得自己很有魅力，XYZ 讓我對自己持積極的態度），它們屬於積極的情感——自信。從第二個因子所包含的語句看（總的來說，XYZ 讓我對自己不滿，XYZ 讓我覺得自己是一個沒有價值的人，XYZ 讓我覺得自己是失敗的，XYZ 讓我對自己持消極的態度），它們屬於消極的情感——自卑。

二、變量的基本性質檢驗

本研究對模型中各個變量的相關係數和信度系數總結於表 5.5 中。

表 5.5　　　　　　　　　　　變量的基本性質

構念	真實自我一致	理想自我一致	企業家品牌依戀	自信	自卑	信度
真實自我一致	—	0.54**	0.47**	0.67**	−0.04	0.76
理想自我一致		—	0.53**	0.51**	0.32**	0.79
企業家品牌依戀			—	0.63**	0.61**	0.83
自信				—	0.28**	0.76
自卑					—	0.81

註：** $p<0.01$；* $p<0.05$

三、自我和諧對仲介情感的作用

本研究認為真實自我一致與理想自我一致是通過消費者的情感複合而形成依戀情感的。其中，真實自我一致相對於理想自我一致而言能夠有效地提高自信情感；理想自我一致相對於真實自我一致而言能夠較有效地提高自卑情感。

本研究通過 T-Test 分析自我和諧對仲介情感的作用。結果總結於表 5.6。

表 5.6　　　　　　　　自我和諧對仲介情感的作用

	M	t	p
自信　真實自我一致 　　　理想自我一致	4.10 2.81	3.18	0.001
自卑　真實自我一致 　　　理想自我一致	1.82 4.46	-3.37	0.001

分析結果顯示，真實自我一致能夠提高被試者的自信情感，效果不顯著（M 真實自我 = 4.10，M 理想自我 = 2.81，$t_{(211)}$ = 3.18，p = 0.001），假設 H4 得到支持。理想自我能夠顯著提高被試者的自卑感（M 真實自我 = 1.82，M 理想自我 = 4.46，$t_{(211)}$ = -3.50，p = 0.001），H5 得到支持。

四、驗證性因子分析

本研究利用 AMOSS7.0 對數據進行驗證性因子分析，並採用如下指標衡量擬合情況：x^2/d.f.、常規擬合指數 NFI、非常規擬合指數 NNFI、比較擬合指數 CFI、$\triangle x^2$ 和近似誤差均方根 RMSEA。具體見表 5.7。

表 5.7　　　　　　　　模型擬合指數

	x^2/d.f.	RMSEA	NFI	NNFI	CFI
自我和諧	3.107	0.064	0.943	0.948	0.965
仲介情感	2.905	0.071	0.917	0.902	0.946
企業家品牌依戀	3.881	0.078	0.921	0.918	0.925
測量模型	2.694	0.066	0.931	0.944	0.957

從分析數據得出，研究二的測量模型的整體擬合度符合傳統要求。

表 5.7 中報告了研究二模型的參數估計。研究二的結果再次證實了自我和諧對企業家品牌依戀的正向影響，H1-H3 均得到了證明。相比理想自我一致

情況下，真實自我一致主要通過自信情感產生企業家品牌依戀，H6 得到支持。同時，理想自我一致主要通過自卑產生企業家品牌依戀，H7 也得到支持。

表 5.8　　　　　　　　　　　假設檢驗的結果

			感知真實自我一致→企業家品牌依戀		$\triangle x^2$	感知理想自我一致→企業家品牌依戀		$\triangle x^2$
			Standardized Estimate	t-Value		Standardized Estimate	t-Value	
模型：仲介情感→企業家品牌依戀			0.634**	7.296	5.593*	0.283**	4.229	5.278*
仲介模型	仲介情感	自信	0.589**	4.519		0.174	1.337	
		自卑	0.082	3.718		0.298**	4.831	

研究二證明，真實自我一致和理想自我一致都能夠對企業家品牌依戀產生顯著影響。從作用機理看，真實自我一致顯著提高被試者的自信，理想自我一致顯著提高被試的自卑。自信和自卑都能產生企業家品牌依戀，且真實自我一致主要通過自信情感產生企業家品牌依戀，理想自我一致主要通過自卑產生企業家品牌依戀。

第七節　假設檢驗的結果總結

在數據分析和假設檢驗後，本研究梳理假設驗證的結果如表 5.9。

表 5.9　　　　　　　　　　本研究假設驗證結果

	編號	假設內容	驗證結果
主效應	H1	真實自我一致會強化消費者-企業家品牌依戀	支持
	H2	理想自我一致會強化消費者-企業家品牌依戀	支持
	H3	相對於真實自我一致，理想自我一致對消費者-企業家品牌依戀的影響更強烈一些	不支持

表5.9(續)

	編號		假設內容	驗證結果
仲介效應	H4		真實自我一致會強化消費者的自信情感	支持
	H5		理想自我一致會強化消費者的自卑情感	支持
	H6		相比理想自我一致，真實自我一致主要通過自信產生企業家品牌依戀	支持
	H7		相比真實自我一致，理想自我一致主要通過自卑產生企業家品牌依戀	支持
調節效應	H8	H8a	真實自我一致提高企業家品牌依戀強度的作用對類社會涉入度高的人更有效	支持
		H8b	理想自我一致提高企業家品牌依戀強度的作用對類社會涉入度低的人更有效	支持

第六章　自我、仲介情感
　　　　　與企業家品牌依戀

　　本章是本書實證部分的結論，主要包括以下幾方面的內容：①總結本研究的結論以及一些關鍵的發現；②進一步思考本研究結論的理論意義和實踐意義，對管理企業家品牌提出建議；③分析本研究中的不足之處，指出，後續研究的方向並提出建議和展望。

第一節　主要研究結論

　　在疏離已有的依戀、自我和情感社會學方面的研究的基礎上，本研究試圖探討自我作用於企業家品牌依戀的情感機理。本書需要回答兩個方面的具體問題：①在自我和諧到企業家品牌依戀的認知和情感轉化過程中，究竟是否存在中間過程？這個中間過程又是如何影響消費者自我和諧到企業家品牌依戀的轉化的？②企業家在經營企業的同時，為什麼還能獲得消費者的認可？又是通過何種機制來獲得消費者的青睞？在消費者與企業家的類社會互動中，究竟要怎樣才能提高消費者的情感支票？遵循「理論分析→實證研究→理論總結」的總體研究思路，本書的主要結論總結如下：

（1）自我和諧體現品牌疊加原理

　　品牌疊加原理源於光學上的正弦波干涉現象。眾所周知，若兩個振幅相同的正弦波相位一致，則波峰處疊加的結果會使干涉後得到的正弦波的振幅達到最大值；若兩者相位相反，最後得到的振幅為零；若兩者相位既不相同也不相反，則振幅居於最大值和零之間。本研究提出來的自我和諧對企業家品牌依戀的影響正是此原理的精準體現，不同的在於只是驗證了振幅相同時候的疊加

效應。

　　在這個追求卓越的時代，與消費者分享「心」比跟與消費者分享「荷包」更能打動人。企業需要一張滿口經濟的皮，還需要一張充滿感情的臉（Sisodia, Wolfe and Sheth, 2007），而這張臉最好的代表就是企業家。我們最熟悉的企業家形象，是作為「經紀人」的企業家，而作為「經濟人」的企業家對消費者而言是「神祕」的。但是只要我們稍稍留意一下新聞報刊、電視電臺以及網絡，就會發現企業家的身影似乎無處不在、無時不在。王石的「捐款門」事件，大眾在譴責之餘也在沉思，「到底是企業家無良還是大眾無理」？從而引發了對企業家社會責任的探討。「黃光裕事件」，人們在不恥其犯罪事實的同時，卻也在回味有關黃光裕的「美好回憶」（例如，人們認為是他打破了銷售規則，帶給消費者實實在在的實惠）。到底是「違情」帶來的危害大還是「違法」帶來的危害大？消費者心中自是有杆秤，這杆秤就是消費者的自我，雖然受到社會結構、文化等的影響，然而，能引起消費者真正共鳴的還是消費者內心的自我。自我和諧的追求讓消費者不再盲從，並且消費者掌握了情感主動權。過去由企業家單方面對消費者施加影響，如今這種影響已經變成雙向的了。企業家在社交舞臺上的種種表演如果得不到消費者的認可，結局一定是難堪的。傳統製造業以物質資本形式投入，以物質形式產出，創意產業投入創意資本，以知識產權形式產出；粉絲經濟以情緒資本形式投入，以偶像與品牌的品牌價值為產出。粉絲強烈的情感，轉化為令人矚目的消費行為，將塑造經濟結構新局面——粉絲經濟。

　　雖然研究驗證了真實自我一致和理想自我一致同企業家品牌依戀的顯著影響。相對於真實自我一致，理想自我一致對企業家品牌依戀的影響會更大一些。然而，這個假設並沒有得到證明。可能原因有二：第一，理想自我一致情形下，雖然上行比較能滿足自我擴張需求，產生某種程度的「同化」效應，然而，「對比」效應是主流，也就是說消極情感是主流，這種消極情感稍有不慎就會產生疏離而不是依戀（Turner, 2004）；第二，利用擬劇論的觀點，在「前臺」上的表演並不等於生活的全部，真實的信息往往來自於後臺，「真」「善」「美」是人類永恆的追求。人們在體驗大量普通生活的前提下，雖然羨慕別人的理想生活能讓人沉醉一時，但永遠也比不上「和優秀的人共享平凡」重要。就拿喬布斯來說，為什麼這麼多人喜歡他不完美的個性以及他不完美的人生？也許本書的研究結論可以對此進行完整闡釋。

　　（2）仲介情感是消費者自我和諧同企業家品牌依戀的強烈聯結

　　企業與消費者如果僅僅建立的只是簡單的經濟利益交換關係，兩者的聯結

很容易就會被打破。消費者具有眾多選擇，如何拴住消費者的心？唯有建立消費者的情感依戀。過去大量的文獻集中在消費者——產品或服務這條線上研究。然而，我們認為，設計產品或服務的這個人才是這個產品或服務的靈魂，根據交互對等原則，建立人——物依戀不如建立人際間依戀直接。因為人是具有社會性的，人的情感需求對象首先是同類。根據「遠交近攻」的外交原則以及「距離產生美」的相處原則，人們往往會選擇遙遠的人物作為依戀對象，這讓他們感到很安全。這樣遙遠的依戀靠的是什麼呢？滿足需求嗎？這只是傳統的籠統的解釋。需求太複雜了，這給企業操作帶來相當的難度。並且，研究已經表明，最終情感的產生一定存在仲介情感。找到這個仲介的情感，接下來的問題就迎刃而解了。

　　本研究的確證實了仲介情感的存在以及消費者自我通過仲介情感作用於企業家品牌依戀的機理。具體說來，真實自我一致主要產生自信的情感，從而導致企業家品牌依戀；理想自我一致主要產生自卑的情感，從而導致企業家品牌依戀。為什麼說是主要呢？理論上的分析已經表明了情感複合的原理。另外社會比較理論也已經充分證明，真實自我一致和理想自我一致既能產生積極情緒也能產生消極情緒。用特納的觀點來說，只是比例成分不同而已，這也印證了人類情緒的複雜性。

　　從模型以及研究結果來看，似乎可以這樣推論：如果提高消費者的自信情感，那麼企業家品牌依戀也會增強；同樣，如果提高消費者的自卑情感，企業家品牌依戀同樣也會增強。但是情感的複雜性在此再次得以體現，情感的「度」該如何解決呢？因為，我們知道如果真實自我是不令人滿意的，無限提高自信就會導致「自負」；同樣，如果「過度自卑」，就會掩埋複合情感中的積極情感因素，最終結果是負面情感的產生，例如，憤怒、悲傷而導致疏離原來的依戀對象。

　　（3）類社會互動涉入度調節作用

　　從上文的分析中我們得知，調節變量的選擇非常重要，因為稍有不慎就會「物極必反」。選擇「類社會互動涉入度」作為調節變量，主要有以下幾點考慮：

　　第一，涉入度既是與自我相關也是關乎情景的。與自我相關這一點耦合了整個研究模型的變量類別。

　　第二，涉入度涉及信息的評價，這些信息評價和自我評估結合自然會引起情感的變化。因為企業家品牌依戀是通過類社會互動形成的，很自然地，類社會互動涉入度也因變量而聯結了起來。

具體研究結果為：真實自我一致提高企業家品牌依戀強度的作用對類社會涉入度高的人更有效。理想自我一致提高企業家品牌依戀強度的作用對類社會涉入度低的人更有效。也就是說，類社會涉入度越高，真實自我一致能導致更多的自信，這種自信是建立在真實性追求的基礎上，所以導致企業家品牌依戀；而類社會涉入度越低，消費者在上行社會比較過程中不易產生更多的自卑，而維持「同化」效應帶來的積極情緒，從而導致企業家品牌依戀。

傳播學發現，迷（過度依戀）之所以成為迷的過程是偶然發生的，就像談戀愛一見鐘情一般，粉絲在轉角遇到愛，不小心墜入愛河。粉絲不一定對一個偶像單一忠誠，有些粉絲不斷尋找新偶像的行為是有規律的，但找到什麼偶像則是偶然的。於是，有人戲稱：「這是命運的安排。」果真如此嗎？是「偶然」還是「巧合」？

對於這個問題的探討可以歸結到「類社會互動涉入度」這個變量上來。研究表明，涉入度既是消費者自身的問題，同時也受到情境、他人的影響。也就是說企業家可以在這個變量的利用上變被動（消費者自身決定）為主動（積極營造環境影響）。

第二節 研究啟示

一、學術意義

本研究在總結自我、情感、依戀、消費者－品牌關係等領域研究成果的基礎上，對自我作用企業家品牌依戀的情感機理進行探討，得出了一些重要的研究結論。本書的研究工作和內容主要具有以下幾個方面的學術意義：

（1）為企業家品牌依戀研究引入新的視角

如前所述，過去對企業家的研究主要從特質、風格等的角度探討其作用於企業內部影響企業績效。最近十幾年來，營銷學者已經從消費者的視角不斷提出新的觀點和見解。然而，研究的方向卻主要是企業家－消費者的影響作用。借用物理學上的作用力與反作用力，企業家影響消費者的同時，消費者也正在悄悄地影響企業家。而企業家品牌對於企業的意義眾所周知，所以如何管理企業家品牌成了企業高層急需解決的事情，因為弄不好就會「城門失火而殃及池魚」！

本研究認識到消費者和企業家這種互為影響的特點以及情感力量對行為影響的強大作用，大膽地提出「企業家品牌依戀」，並且是「直搗黃龍」——直

指消費者自我和諧作用企業家品牌依戀的情感機理。並且，在同一個理論平臺上，找到了演化路徑的調節變量，為研究企業家品牌帶來了新的視角。

（2）為品牌依戀理論找到了重要的實證內容

本研究拓展了「依戀」在營銷學上的應用。雖然，「依戀」構念在概念上一直都在強調「依戀對象與自身的關聯度」，但是這方面的實證研究成果卻是不多。雖然本研究的發端來源於 Lucia Malär 等人（2011）研究，可是源於研究的視角上的差異以及研究對象的不同，本研究超越了前人的工作，將自我和諧與品牌依戀的關係大大向前推進了一步。

因為企業家品牌的依戀既不同於人際間依戀，也不同於人與物之間的依戀，同時又似乎兼具兩者的特徵，所以在理論建構方面涉及的內容很多。因此，研究變量的選擇顯得很重要。本研究可以為相關的研究提供重要的實證見解。

（3）為消費者-品牌研究找到進一步深化的方向

從營銷的角度探討消費者的情感具有深遠的意義，因為「情緒資本」的力量已經得到了傳播學研究上的認可。以往的消費者態度研究多是圍繞認知和行為傾向進行，一直忽略了消費者情感成分的挖掘。因為基於情感的消費者行為是最令人興奮的，例如，溢價購買、正面口碑、不為其他產品或促銷方式所吸引、原諒犯錯等較高層次的消費者反應。

本研究借助依戀理論，將情感引入消費者——企業家關係中，從理論上證實了自我同依戀的情感機理以及類社會互動涉入度的調節作用。為消費者品牌關係的研究找到進一步深化的方向。

二、管理啟示

任何理論研究必須基於事實的基礎上，最終為實踐提供重要指導。這樣的研究才是有價值的，也是負責任的。本研究基於這樣的理念出發，得出一些研究結論，下面具體談談本研究的管理啟示。

（一）企業家品牌管理：抓住消費者的內心

本研究為企業家品牌依戀研究提供了新的研究視角。具體來說，本書從自我概念出發，探討自我和諧對企業家品牌依戀的影響。從企業家的角度來看，具體而言探討的是「真實表演」和「理想表演」的問題，因為這涉及一個更加根本的問題——表演究竟是被人相信？還是被人懷疑？作為公眾人物的企業家，抓住消費者的眼球並不等於抓住消費者的心。

研究結果表明，當企業家品牌代表的是真實的自我而不是理想的自我時，

消費者更有可能與該品牌形成一種強的情感紐帶。這是一個重要的發現，可以和心理學中的「真實性」聯繫起來（Erikson）。一段真實的關係包括某人在他人面前呈現「真正的」自我，創建基於親密和信任的強烈的情感紐帶（Harter，2002）。因此，本研究對於企業家真實品牌化的成功提供了一種可能的解釋。喬布斯那不完美的人生以及不完美的個性卻讓全世界的「果粉」為之瘋狂，這是因為人們在喬布斯身上看到了很多真實的自我的影子，而就是這樣一個真實的帶有缺陷的個性的人創造了世界上最偉大的產品、改變了人們的生活，這讓人們體驗到了更多的積極情感，受到了極大的鼓舞。平凡如喬布斯一樣創造不平凡的人生，即便是我行我素、固執己見和近乎苛刻的完美主義追求的個性，讓千千萬萬個消費者在自我驗證的同時受到了自我強化。

喬布斯也許不是最成功的商人，卻是擁有最多粉絲的企業家。喬布斯現象完美地闡釋了真實自我一致對企業家品牌依戀的重大影響。

另外，真實性的重要作用還可以用來解釋企業家品牌代言的效果。為什麼一些企業使用娛樂明星擔當品牌代言人，而一些企業卻請相貌平平的企業家做代言？雖然可以從信源的角度對此進行探討。但本書的研究可以這樣解釋，相貌普通的企業家讓大多數消費者看到了真實的自己，這種方式撞擊著消費者的神經，促使他們形成強烈的品牌關聯。

同時，本研究也支持，理想自我一致對企業家品牌依戀的積極作用。這說明，理想自我仍然是很重要的，因為很多消費者喜歡那些和真實的自己並不匹配的夥伴，因為這代表了一種向往和希望（Sirgy，1982）。唐駿的「學歷門」事件可以對此進行闡釋。唐駿一度被譽為「打工皇帝」，其耀眼的經歷讓普通大眾除了崇拜還是崇拜；由於一貫的社會理想人物代表，「學歷造假」讓其形象一夜之間「一落千丈」。雖然造假對於普通民眾而言並不鮮見，然而這樣的真實讓消費者體驗到的不是自信而是羞愧。

將他人的「觀念」納入自我是指有意或無意地從他人的視角來認識世界。通常人們傾向於將自己的積極行為歸因為情景因素，將他人的消極行為歸因於個體因素，但是當人們將某個親密他人納入到自我中之後，這種歸因偏差就會較弱，即人們會用更多的情景因素去解釋他的消極行為（Aron, A. and Aron, E. N.，2009）。

總之，本研究表明，管理企業家品牌形象不是無據可依的。

(二) 類社會互動涉入度：影響消費者的情感歷程

新媒介終結了被動的消費者受眾，加速了粉絲的崛起。消費者主動出擊，跨越媒介平臺尋找品牌和偶像。一方面，在品牌打造的過程中，消費者不再是

被動的接受者，品牌商不再能控制信息傳播的內容和方向了。與傳統媒體相比，社交網絡使得消費者之間的信息網絡得以形成，使得消費者相比以前更有影響力（Ewen，2007）。消費者能夠通過論壇、博客、好友動態和聊天室表達觀點（Morrissey，2007）。消費者授權的一個極端的結果就是「公民記者」。當消費者曝光企業家或企業的負面新聞的時候，這就逼迫品牌商出來應對。

新媒介不但授權給消費者，同時也授權給了品牌商。企業家通過社交網絡影響消費者的例子比比皆是。維珍網站有一個「Richard的日記」的版塊，記錄了品牌符號之一——理查德·布朗遜生活的全過程。潘石屹總是通過微博第一時間和消費者互動，他的博客點擊率可以和當紅明星齊平，擁有一大批「飛客」。這些例子說明，在和消費者的非面對面但又無處可躲的類社會互動中，企業家是可以對互動過程產生影響的。

本研究中類社會互動涉入度作為調節變量，影響了自我和諧對企業家品牌依戀。具體結果為：真實自我一致提高企業家品牌依戀強度的作用對類社會涉入度高的人更有效。而理想自我一致提高企業家品牌依戀強度的作用對類社會涉入度低的人更有效。由於本研究的重點在依戀產生的情感機理，所以並沒有對類社會互動涉入度進行操控檢驗。儘管如此，理論研究表明，類社會涉入度影響因素除了消費者自身以外，還受到實體環境、社交環境等其他因素的作用。

具體而言，品牌商對消費者與企業家品牌的類社會互動的影響可以分不同情形進行。

第一，如果企業家品牌一貫走的是「真實路線」，那麼可以通過提高類社會互動涉入度的方式強化企業家品牌依戀。其原理是：類社會互動水平的提高會讓消費者更加自信。互動水平的提高涉及廣度和深度。Krugman（1967）證實，媒體的形態對涉入廣度有影響。因此選擇合適的媒介平臺進行交互或者是選擇在合適的時機進行交互。而深度交互的方式可以通過提高影響消費者內在因素的情景因素。例如，涉入度也是一種連續的、變化的心理活動（Solomon，2004），品牌商在對企業家品牌進行宣傳的時候，要強調知識的共享和信息的互補等（Singh，1998）。此外，由於涉入度還受到涉入機會和涉入能力的限制（Andrews et al.，1990）。所以品牌商還應建立合適的交互平臺以及提高消費者的涉入能力。

第二，如果企業家走的是「神祕路線」，自然地，他和消費者的距離就會遠。降低和消費者的類社會互動的涉入度，根據我們的研究結論，也能提升消費者的依戀情感。譬如，順豐的王衛，許多媒體人都稱王衛為最神祕的企業

家。順豐是國內快遞的龍頭企業，多年來一直堅持不上市，但是順豐的服務卻是所有的快遞公司都無法企及的。一旦上市，王衛的身價直逼馬雲、王健林等富豪。有不少的消費者表示：「王衛不管是不是中國最富有的人，但是他一定是中國最讓人尊敬的企業家。」一樣受到消費者尊重的還有華為老總任正非，他偶爾露臉社交媒體，這種正面傳播性的新聞，所帶動的不僅僅是大家對於其品格的讚賞，更是對於企業家所領導公司的認可。這種可能出自於企業主動營銷的炒作，但反應的是大眾對品牌企業的態度。任正非一貫提倡「低調做人，真誠待人，高調做事」的為人處事原則。

三、Oprah Winfrey 品牌帶來的營銷啟示

奧普拉·溫弗瑞（Oprah Winfrey），為當今世界上最具影響力的婦女之一，她的成就是多方面的：通過控股哈普娛樂集團的股份，掌握了超過 10 億美元的個人財富；主持的電視談話節目「奧普拉脫口秀」，平均每週吸引 3,300 萬名觀眾，並連續 16 年排在同類節目的首位；2009 年 11 月 20 日，據國外媒體報導，在播出了 23 年之後，脫口秀女王奧普拉·溫弗瑞的節目《奧普拉脫口秀》於 2011 年 9 月 9 日結束。隨著時間的推移，她的個人歷史也孕育出了奧普拉這個非凡的品牌。

1. 自我效能不斷提升

奧普拉兒時貧窮和遭遇過性侵犯的經歷、和體重的抗爭經歷以及面對困難不屈不撓、樂觀的精神鼓舞著人們。它是一個名人：她向世人詮釋了如何自我提升，變得優秀和掌握自己的命運。在她的脫口秀、有關她的雜誌和網站上都能看到她的座右銘，「活出最好的你」。

所有的這一切鑄造了一個從本質上很不相同的品牌——奧普拉。推動了她的脫口秀，在高峰時能夠吸引 1,200 萬美國觀眾收看他的節目，他的脫口秀一共加起來超過了 4,500 集，採訪的嘉賓也超過了 3 萬名。她推出了自己的雜誌，出品了自己的電影並且還開發出了包括 Dr. Phil McGraw 和 Rachael Ray 在內的許多由全美電視播出的節目。根據福布斯的估計這位精明能幹的企業家的品牌價值達到了 27 億美元。哈佛商學院的 Nancy F. Koehn 教授說：「在我研究的近 200 年中的所有品牌中，很難找出一個比奧普拉品牌還要強大的品牌。」

2. 富有成效的品牌代言

奧普拉的厲害之處在於，她能將自己的一些信息和強烈消費主義結合起來：好好對待自己！這是你們應得的！所以她的消費者不但會經常消費而且會大量消費。在沒有採取任何附加措施的情況下，她代言的一系列產品創造了品

牌營銷神話的同時，可靠的信譽也得到進一步加強。某天她可能會談一些關於抗衰老化妝品的話題，下次談的就是自閉症；她去了埃塞俄比亞；她追求綠色；她是素食主義者。然後她去購物了。來自 Villanova University 的交流領域的教授 Susan Mackey-Kallis 認為：「對她來說，轉變關乎自尊關乎購物。」「她的消費主義觀念很強烈，但是不歇斯底裡。」

奧普拉會定期地在她的節目中告訴大家她「最喜歡的東西」，而她的這種代言效果絕對是比電視購物節目的效率要來的更高。奧普拉在節目中向大家推薦的產品，都是由公司免費贈送給她的。向觀眾放送汽車和旅行的大型節目激勵了人們參加復興會議的熱情。「很顯然這是她『最喜愛的產品』的一種植入式廣告」，來自 Dartmouth's Tuck School of Business 的營銷學教授 Kevin Lane Keller 說，「但是她就是充當了經紀人的角色把這些產品介紹給了觀眾。這種廣告是以一種非常有趣的方式植入的，因為這些公司正要放棄這些產品」。從羊角麵包到冰箱，她的品牌下包含了很多產品。一位芝加哥的博客 Robyn Okrant 購買了奧普拉在 2008 年推薦的所有產品，為了這個他一共花費了近 4,800 美元。

3. 不斷強化個人品牌陣營

與任何偉大的商人一樣，奧普拉一直致力於擴展她的品牌的影響力。她還會邀請其他一些「活出最好的自己」的專家參加自己的節目，例如，OZ 醫生和設計師 Nate Berkus。她甚至將自己的私人訓練師 Bob Greene 發展成為了一個名人。她現在又在售賣自己的關於健康和節食方面的書籍。在同一個節目中，她創造出了一支名人「軍隊」，根據規模經濟效益，這使得她擁有了巨大的影響力。

4. 保持品牌的彈性

奧普拉在前進的道路上也引發了一些爭議。譬如，她相信 Suzanne Somers 出品的激素和維生素具有抗衰老的作用；她認同 Jenny McCarthy 在一本將疫苗和自閉症聯繫在一起的書其中的觀點；她為南非女孩建立的學校被控存在性濫用現象。但是，這些尷尬的事情沒有給奧普拉的社會地位造成多大影響，奧普拉品牌所具有很大的彈性。人們相信，她的道德品質不會受到任何質疑，她個人沒有任何出格的舉動，奧普拉品牌在市場中的表現無可挑剔。

儘管奧普拉品牌取得了巨大的成功，但是《奧普拉的時代：新自由主義的文化偶像》一書的作者 Janice Peck 指出，奧普拉屬於嬰兒潮一代，「她的歷史性時刻已經過去」「如果信譽和專業知識更多的是來自於社會網絡，那麼我們還有必要仍然需要像奧普拉這樣的專家來教授知識嗎？」言下之意，奧普拉已經不再適應大的潮流了。這個疑問也為將來的企業家品牌研究提出了方向和挑戰。

第三節　研究局限與未來研究

一、研究局限

本書的研究雖然基本達到了預期的研究目標，並且得出了幾個重要的研究結論，但是由於多種因素的限制，還是存在許多的不足和缺陷，需要在未來的研究中進一步完善與深化。

（1）研究方法不夠全面

本書主要的研究方法有文獻法和問卷調查法，對一些變量，例如，自我和諧和類社會涉入度的處理上不及實驗法有效。通過實驗法可以操縱這些變量，更加精準地求證因果關係。同時也能給企業實踐提供更多的指導。

（2）情感的測量方法單一

本研究情感的測量均採用自我報告法，這個方法雖然簡單易行，但是受到被試者的能力以及醫院的影響。雖然本研究的仲介情感是一種情緒狀態，但是在給到一定信息的時候，被試者可能存在無意識的情緒，也可能壓抑某些情緒。從而使得被試者無法準確地作答。

二、研究展望

企業家品牌依戀是一個很有前景的研究領域，雖然來自於心理學、社會學和人類學以及營銷學的研究可以為其提供豐富的理論指導，但對這一問題的研究仍然具有極大的挑戰性。這種跨學科的研究，從基本概念開始進行理論框架的搭建，在未來還有許多要改進的方向。

（1）進一步細化仲介情感的研究

本研究的仲介情感為自信和自卑。自我一致既會產生積極情感（自信）又會產生消極情感（自卑）。如果真實自我一致產生的自卑感大於產生的自信感，那麼研究結論是不是會不同呢？反過來也是這樣。由於還沒有找到合適的方法控制情感的度，所以限制了研究考察的範圍。例如，通過操控真實自我一致或者理想自我一致而致使仲介情感發生變化，從而導致結果也發生變化。

（2）進一步完善理論模型

有理由相信「人類品牌」類型的不同，品牌構建方式也會迥異。雖然我們會平等地將一個演員和一個在職的會計師各自視為是一個人類品牌，但是在這個領域中這兩者還是存在顯著差異。研究人類品牌這個領域的特點不僅可以

幫助我們如何構建出一個可行的人類品牌，而且還有助於我們正確地採取何種策略來構建出一個可行的品牌。

雖然研究企業家品牌依戀的目的是探討其對企業績效的影響，但是本研究的結果變量落腳在企業家品牌依戀上，追溯的是其情感機理。模型可以解釋消費者為什麼依戀喬布斯，但不能解釋為什麼對喬布斯的依戀不能延續到蘋果產品 iPad 3 上。涉及企業家品牌依戀何時消亡以及企業家品牌的依戀對企業的績效的影響會受到哪些變量的調節。

第七章　消費者-企業家品牌依戀的類社會互動動機

儘管，本書已經就自我與企業家品牌依戀之間的情感機制進行了研究，並且，很明確地指出消費者-企業家品牌依戀主要是基於類社會互動的基礎產生。本部分就網絡消費者的類社會互動（下面的研究主要就微博互動為例）動機進行質性探究，並在此基礎上從認知需求方面分析企業家品牌依戀的產生。

第一節　文獻回顧

文獻回顧部分涉及傳播學中的使用與滿足理論和動機理論。

一、使用與滿足理論

使用與滿足（Uses and Gratifications，U&G）是傳播學領域裡最流行（被引用次數最多）的理論。它從受眾的心理需求和心理動機角度出發，結合社會學和心理學相關知識，對人們使用媒介以得到滿足的行為進行瞭解釋，提出了受眾接受媒介的社會原因和心理動機。Katz（1959）提出，傳播學研究不應該只是關注於「媒體對大眾做了什麼」，還需要詳細地研究「大眾對媒體又做了什麼」。在「使用與滿足」理論的基礎上，出現了大量受眾本位的研究。因此 U&G 研究的出現及發展是傳播學研究從傳者導向視角向受者導向視角轉折的一個標誌（陸亨，2011）。

使用與滿足理論主要包含五個基本論點：①受眾是主動的，他們使用媒體是有目的的；②這個目的主要是滿足自己的某種需求和目標；③媒體與其他需

要滿足方式相互競爭，它只能滿足受眾的部分需求；④受眾能明確地瞭解自己的動機與需求，可以向研究者精確地描述自己的使用行為；⑤既然受眾能理性自覺，就沒有必要對媒體做出價值判斷。上述基本論點為本研究的模型構建提供了理論上的幫助：消費者基於某種心理需求主動去關注企業家微博，企業家發布的微博內容滿足了他們某一方面的心理需求，導致了消費者在隨後的行為中表現出不同程度的主動性和持續性。圖7.1展示了「使用與滿足」過程的基本模式。

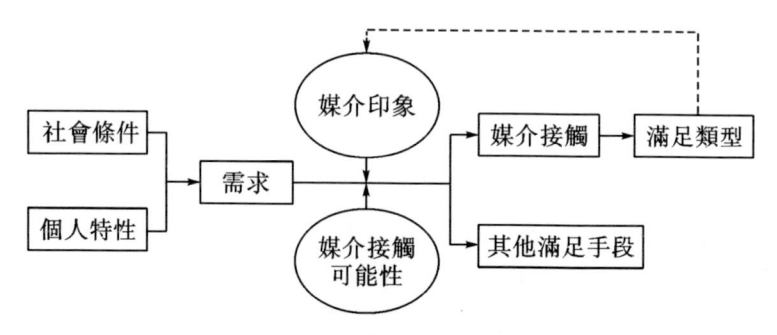

圖7.1 「使用與滿足」過程的基本模式

資料來源：王娟：微博客用戶的使用動機與行為

二、動機理論

有關動機的理論很多，但應用最廣泛的還是在心理學領域，動機在心理學上一般被認為涉及行為的發端、方向、強度和持續性。很早以前人們就開始認識動機，但至今仍沒有在概念的界定上有一個共同的定義。最初的時候，大部分人把動機定義為「推動人們行為的內在力量」，這種說法強調了動機的內在起因，但是，也有學者認為動機應該是「為實現一個特定的目的而去行動的原因」，這種觀點更看重行為的外在誘因，如獎懲和目標等。之後，另外一些學者又提出了一種仲介過程觀點，認為動機是「一種由需要所推動，達到一定目標的行為動力，它起著激起、調節、維持和停止行動的作用」。不論是內在起因，還是外在誘因，抑或是基於自我調節機制的仲介調節作用，他們在對動機的表述中都不全面，只是看到了動機的一方面。而一個完善的動機概念應該同時包括上面三方面的內容。但是基於「使用與滿足理論」，本研究所探討的動機，應該是更符合於動機的第一種定義，即動機的內在起因，因為使用與滿足理論是從受眾的心理需求及心理動機方面解釋人們的行為的，而消費者關注企業家微博的這種行為正是基於某些心理需求產生的，所以在本次研究中研

究者將研究動機界定為：消費者出於某些內在的需要從而激發關注行為。

　　動機是行為的根本原因和動力，表示一個人「為什麼產生這種行為」「這些行為又滿足了什麼」。動機與行為的關係很複雜，有的行為背後不止存在一種動機，而一種動機也可能導致不同的行為，不同的動機也有可能導致相同的行為。但不可否認，動機與行為之間仍然是存在某種因果關係的；因此本書採用由行為反推動機的思路來挖掘消費者關注企業家微博這種行為背後的動機。圖 7.2 展示了人的行為過程的一般模式。

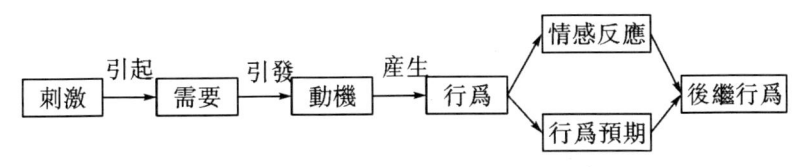

刺激 →引起→ 需要 →引發→ 動機 →產生→ 行為 → 情感反應／行為預期 → 後繼行為

圖 7.2　人的行為過程的一般模式

　　依據上述理論，研究者設計了如圖 7.3 所示的消費者與企業家微博互動行為的一般模式，並依據此模式對訪談資料進行協助性的分析和解釋。在此模式中，消費者因為一些社會條件的刺激或個人特性的原因，產生某種心理需求，微博作為一種媒介工具，由於能夠在各種終端上便捷使用，為消費者的動機提供了實現平臺。如果消費者認為企業家微博互動可以滿足這些心理動機，這種心理動機就會轉化為關注行為，而通過關注行為導致的結果反過來又能持續的滿足消費者的心理動機，消費者就會持續地去關注企業家微博。

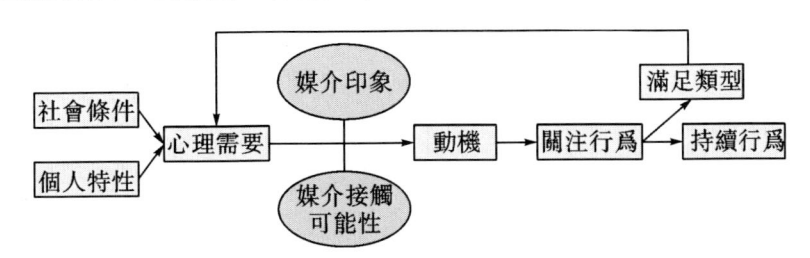

社會條件／個人特性 → 心理需要 ← 媒介印象／媒介接觸可能性；心理需要 → 動機 → 關注行為 → 滿足類型／持續行為

圖 7.3　消費者與企業家微博互動的一般模式

第二節 研究設計

一、研究方法

1. 互動平臺的選擇—微博

微博,即微博客(MicroBlog)的簡稱,最早的微博來自於美國的 Twitter 網。在國內以新浪為代表的微博是一個基於用戶關係的信息分享、傳播以及獲取平臺,用戶通過 WEB、WAP 以及各種客戶端組建個人社區,以 140 字左右的文字更新信息,實現即時分享。新浪微博自 2009 年 8 月開始推出以來,用戶數量就以一種驚人的速度在增長。據有關數據統計,目前全球註冊用戶已超過 6 億,截至 2014 年 10 月,微博的月活躍用戶(MAU)數量和日活躍用戶(DAU)數量分別達到 1.523 億和 6,760 萬。在這些微博使用人群中,企業家作為一個特殊的群體,具有特別的研究意義。一方面,企業家由於其較高的媒體曝光率及成功人士的身分,具備一定的名人效應,他們在微博上的一言一行受到大量消費者的關注。另一方面,他們往往會在微博上為自己的企業背書,這也會間接地對所背書的企業產生或大或小或正面或反面的影響。

2. 研究目的細化

研究者想探討的不僅是動機的類型,更想知道這些動機是如何產生的,比如,除了微博之外,消費者有沒有通過其他途徑關注過企業家?對企業家的瞭解程度如何?關注他們哪一方面的動態?……而這些問題的答案是不可能通過簡單的問卷調查就能獲得的。而質性研究看重語言的重要性,經由與研究對象的現實交流來理解他們的行為,採用歸納法來分析資料最後形成的理論。質性研究不是嘗試在大樣本中驗證一個預先確定的假設,而是通過理解一小部分被研究者的視角和生活經歷,從而發現意義是如何構建的。所以,本研究採用質性研究的方法最為合適。

本研究旨在通過個體對過往行為及經歷的回顧來反推消費者關注企業家微博的動機,所以深度訪談法可以作為一種比較合適的收集資料的方法。為了可以對研究對象的過往行為能有一個深入的解釋,研究者要求能靈活的收集資料,所以在深度訪談法中進一步選擇了半結構式的深度訪談法。這就要求研究者先擬好一個訪談提綱,它的作用主要是可以幫助研究者在訪談過程中時刻明確自己的研究範圍。研究者雖然可以控制整個訪談結構,但是這個訪談提綱只是為研究者提供一個大體的方向,研究者在採訪中主要運用各種開放式問題,

盡可能地讓受訪者把他們的個人經歷及真實的看法表現出來，讓受訪者在訪談過程中重構他們的經歷。研究者也會根據實際情況對相關問題進行盡可能深入地追問，這樣可以收集到更豐富的資料。因此，研究者決定運用深度訪談法，借由半結構式的開放問答來收集相關資料。

二、研究設計

本研究採用質性研究方法，旨在對消費者關注企業家微博的動機獲得深入的解釋性理解，那麼研究結果的效度也不在於樣本的數量，而應取決於樣本是否可以完整、準確地提供研究者所需要的資料，所以研究者擬採取「目的性抽樣」和「異質性抽樣」的方式選取適合研究目的的受訪者。目的性抽樣，與傳統抽樣相比，是一種非概率的抽樣方式。由於時間限制以及受訪者的數量有限，因此在採用目的性抽樣的同時，研究者再通過異質性抽樣的方式來覆蓋不同種類的受訪者，盡可能最大限度地反應受訪者的差異。例如，研究者盡量確保受訪者來自於不同的專業，最後受訪者覆蓋了市場營銷、會計、工商管理、國際經濟與貿易、漢語言等不同的專業，具有更廣泛的代表性。而後研究者為了獲得具備高信息密度的受訪者，進一步選用「強度抽樣」作為目的性抽樣和異質性抽樣實施過程中的具體策略。因此在具體實施過程中，研究者借助於「滾雪球」的方法，通過研究者熟識的符合訪談標準的朋友介紹他們認識的微博使用者，再由這些人介紹更多的受訪者，通過這樣的方式，研究樣本會像雪球一樣越滾越大，直到收集到的信息飽和為止。而且，通過熟人介紹的方式，也比較容易讓受訪者對研究者建立信任。

本書中研究對象的選取標準主要有以下三點：

（1）受訪者均在新浪微博註冊了帳號，都有關注企業家微博且經常使用微博。

（2）對本研究感興趣並能積極配合分享相關經歷。

（3）同意在訪談中進行文字記錄，並允許研究者將相關資料撰寫成文，並願意配合後續有關的追訪。

三、訪談過程

研究者參閱相關文獻資料並且結合自己的研究課題，擬定了一個初步的訪談提綱，在正式訪談開始之前，研究者事先對兩位研究者熟識的受訪者進行了一次預訪談工作，來考驗這個訪談提綱的適用性，根據預訪中受訪者的建議，研究者對訪談提綱作了一些小範圍的修正後確定了最終提綱。研究者擬定這份

提綱只是為了確定訪談的大致方向，研究者並沒有機械地按照提綱發問，隨著訪談的逐步進行，研究問題也開始變得明朗化，研究者確保每次訪談的具體內容都出自於研究的確實需要。

在正式訪談開始之前，研究者已向受訪者詳細說明研究內容及目的，並取得受訪者的口頭同意，以保證受訪者的自願參與。研究者還和受訪者進行了一些輕松自在的閒談，目的在於讓其覺得這種談話很輕松，確保整個訪談過程都能在良好的氣氛下進行。訪談一般從最基本的問題開始，研究者力求讓受訪者能夠主動地、盡可能多地討論研究主題並表達自己的思想。研究者盡量避免使用引導性的語句，但會使用一些比較明確的提示性語句，逐步縮小問題的範圍，以便可以進一步追問特定的問題。研究者在訪談過程中盡量保證讓受訪者有話可說，但切記使用開放性問題，避免引導性問題對受訪者的直接暗示。研究者在整個訪談過程中都盡量保持沉默，確保能讓受訪者可以充分自由表達的同時，得到研究所需要的資料。

四、資料整理

每進行完一次訪談，研究者都會及時整理和分析已經收集到的資料，目的在於對其能有一個比較清晰的把握，為下一次的訪談資料收集提供依據和幫助。在所有的訪談過程中，研究者將每個受訪者的資料分開進行處理，盡量避免把對一個受訪者的想法強加於下一個受訪者身上，進而影響資料的合理性。

研究者採用扎根理論研究法中的「開放式編碼」對訪談資料進行整理，通過此方法，研究者把資料中所出現的任何可以編碼的句子或片段予以概念化標籤，並對這些標籤進行反覆地比較，盡量縮小其意義的差異性，保證過程的合理性。研究者把資料中意義完整且不能分開的句子編碼為 M1-01，F3-20 等，其中 M、F 分別代表男性和女性，1、2、3 等數字代表受訪者的順序，至於 M1、F3 等橫線後面的數字則代表按受訪者所敘述的內容整理的意義單元。研究者通過對這些意義單元的分析，結合理論模型，最終得出研究結論。

第三節　研究結果分析與討論

通過訪談提綱前半部分的一些基本問題，研究者大致瞭解了研究對象的微博使用情況。他們大都有兩年或兩年以上的微博使用經歷，都擁有可以隨時登錄微博的終端設備，如智能手機、電腦等；大部分人每天都登錄微博，平均每

天在微博上花費的時間在二十分鐘左右。他們通過微博瀏覽與自己相關的及關注的人的動態；回復@自己的消息；發布一些自己的動態；看一看系統推薦的精彩微博；收藏、轉發一些自己感興趣或有意思有意義的微博等。而訪談的後半部分主要是通過對訪談對象的深度訪談和分析，歸納出他們關注企業家微博的三種動機：學習動機、娛樂動機和成就動機。

1. 學習動機

表 7.1　　　　　　　　訪談問題及回答整理（1）

問題 7：你對這些企業家瞭解多少呢？以前有沒有通過其他途徑關注過他們呢？譬如，報紙、雜誌、電視節目等？
M1-01：「之前只是在電視上看過他的演講，覺得他講得很好，很勵志。」 F6-21：「最初是在 QQ 空間動態裡看過他的一些語錄。」 M9-33：「在用微博關注他之前在一些報紙雜誌上看過對他的介紹，知道他很了不起，是一位十分傳奇的企業家，搞電子商務的，是阿里巴巴公司的創始人，大名鼎鼎的淘寶網就是他創立的。」
問題 8：你為什麼關注他們呢？ 問題 9：你關注他們哪一方面的動態？他們發布什麼樣的微博內容最吸引你？你最想瞭解他們的哪些信息？
M1-02：「因為他在微博上經常發一些人生感悟，我覺得很有啓發意義。」 F6-23：「可以傳播很先進的思想，關於一些問題的獨特的看法值得借鑑。」 M9-34：「我覺得他的一些關於創業的理念和想法很值得我學習，他們畢竟經歷了一個時代，人生經驗和閱歷是我們不能比的，再說他們又這麼成功。」

通過對以上意義單元的整理及分析，研究者發現因為這些企業家在開設微博之前亦被消費者感知到，消費者通過接觸微博這個媒介和企業家有了全方位、近距離接觸的可能，消費者出於一種學習的目的去關注企業家，而企業家在微博上所發布的內容，比如，他們的創業心得、學習方法等，又滿足了他們這種求知的需求，這種求知的需求便轉化為動機，最終導致持續的關注行為，研究者稱這種動機為學習動機。

2. 娛樂動機

表 7.2　　　　　　　　訪談問題及回答整理（2）

問題 7：你對這些企業家瞭解多少呢？以前有沒有通過其他途徑關注過他們呢？譬如，報紙、雜誌、電視節目等？

表7.2(續)

M2-05：「以前沒有特別關注過他們，但因為是行業巨頭，還是在新聞中、電視節目中看過他們的身影。」 M4-09：「我知道他是萬科公司的創始人，中國地產界的教父級人物，以前沒有特別關注過他，只是通過一些熱點事件聽說過他。」 F8-29：「高中的時候好像在某本雜誌上看過他寫給高中生的一篇文章，其中談了很多自身的經歷，給我留下了很深刻的印象。」 M10-37：「之前看過他寫的一本書《我的奮鬥》，書中主要講了他的奮鬥經歷。」
問題8：你為什麼關注他們呢？ 問題9：你關注他們哪一方面的動態？他們發布什麼樣的微博內容最吸引你？你最想瞭解他們的哪些信息？
M2-06：「最初關注是出於系統推薦，因為早有耳聞，加上對他當時在微博上說的一些話很感興趣，就加了關注。」 M4-10：「當時有一份作業涉及萬科的發展歷程，作為萬科的精神領袖，萬科從初創到發展成今天地產界的巨頭，萬科成長的每一步都離不開王石的參與，因為很好奇他的經歷，於是我就百度了王石的資料，同時在百度百科裡也知道了他在新浪開設了微博，我就順便關注了他。」 F8-31：「想知道這樣傳奇的人物平時在生活中都干些什麼，都關注些什麼，畢竟他也算是名人嘛。」 M10-39：「錘子手機的創始人啊，又看過他同方舟子掐架的視頻，出於對名人的一些八卦心理吧。」

通過對以上意義單元的整理及分析，研究者發現消費者在關注企業家微博之前或多或少地對這些企業家有一些瞭解，正是這些瞭解使得消費者產生一種娛樂心理，而消費者通過接觸微博這個媒介和企業家有了近距離接觸的可能，而企業家在微博上所發布的內容又能夠滿足他們這種好奇的心理需求，這種好奇的心理需求便轉化為動機，最終導致關注行為的持續產生，研究者稱這種動機為娛樂動機。

3. 成就動機

表7.3　　　　　　　　訪談問題及回答整理 (3)

問題7：你對這些企業家瞭解多少呢？以前有沒有通過其他途徑關注過他們呢？譬如，報紙、雜誌、電視節目等？

表7.3(續)

> F3-09：「小米手機的創始人，是武漢大學畢業的，以前在金山軟件公司擔任過董事長，計算機方面的天才人物。」
>
> M5-17：「知道他是杭州人，阿里巴巴集團、淘寶網、支付寶的創始人，從小學習就不好，高考都考了三次，但是英語特別好，出色的外語能力成為他創業伊始的敲門磚。看過他寫的一些人生經歷，特別有感觸，也看過他的演講，很有深度。」
>
> F7-18：「最早知道他這個人是在高中時候，同學買了一本關於他的自傳《世界因你而不同：李開復自傳》，我一開始只是粗略地翻了一下，後來被他傳奇的人生經歷所吸引，看完之後，覺得這個人很了不起，能被微軟、谷歌這樣的業界巨頭所爭搶，一種崇敬之情油然而生，當時就決定把他當作我的偶像。」

問題8：你為什麼關注他們呢？

問題9：你關注他們哪一方面的動態？他們發布什麼樣的微博內容最吸引你？你最想瞭解他們的哪些信息？

> F3-05：「愛屋及烏的心理吧，因為我比較喜歡新鮮事物，喜歡電子產品，安卓系統一出來就很感興趣，然後走上了刷機的道路，通過逛論壇發現了MIUI，從MIUI開始接觸小米並逐漸被其吸引，成了一個米粉，對小米的創始人也很是佩服，知道他有微博就關注了他。」
>
> M5-19：「看過他的一些關於創業的演講視頻和語錄，很精彩很精闢，特別是『今天很殘酷，明天更殘酷，後天很美好，但很多人都死在了明天晚上』這一句，說得真是太好了！我很崇拜他，當然要關注他。」
>
> F7-20：「聽聞他入駐新浪微博後，我就主動關注了他，他還是個微博達人，前些年他出了一本書《微博，改變一切》，不僅詳述了微博的起源和特性，還分享如何玩轉微博的經驗，奠定了其在微博界的泰鬥地位。」

通過對以上意義單元的整理及分析，研究者發現因為這些企業家在開設微博之前已被消費者深刻感知到，消費者通過接觸微博這個媒介和企業家（偶像）有了近距離接觸的可能，消費者出於一種類似追星的心理去關注企業家，而企業家在微博上所發布的內容又滿足了他們這種心理需求，這種心理需求便轉化為動機，最終導致關注行為的持續產生，研究者稱這種動機為成就動機。

第四節 消費者-企業家品牌依戀的動機

什麼導致了強烈的品牌依戀？

記憶中認知上代表了一個個體的特徵、屬性和會員身分的整體。一般被描述為是自我概念（Greenwald and Pratkanis, 1984）。一個依戀變得同自我相連，

當這個目標作為該消費者自我概念的一部分時。Aron，Mashek，McLaughlin-Volpe，Wright，Lewandowski 和 Aron（2005）提出了一種動機性資源視角，解釋為什麼這些實體被包括進自我概念的一部分。作為一種關係形式，個體提供資源（社會的、知識的、物質的等）給予關係夥伴。慢慢地，認知重建了，資源、個體和關係夥伴聯繫起來，以至於夥伴的資源被視為某人自己的。通過這個資源/自我他人關聯，夥伴的觀點和身分變成和某人自己相關了。

品牌，同人一樣，能提供很多資源（營銷人員開發的）來幫助消費者到達渴望的目標（cf. Schultz, Kleine and Kernan, 1989; Kleine, Kleine and Kernan, 1993）。當消費者領會到在達成他們的目標上品牌的工具性角色，他們將開始視該品牌為對個人是有意義和重要的。他們關聯起來並且情感相依。根據前面的微博互動動機研究，我們發現有三種資源類型（享樂的、象徵的和功能的）在某種依戀情境中是特別相關的。特別是，當某品牌提供了享樂資源時，一個消費者感知某品牌為重要的並且將自我同該品牌關聯起來——這時，某品牌通過提供感官的、享樂的或是審美的快樂（Mikulincer and Shaver, 2005）滿足自我。當品牌提供象徵性資源，通過代表、定義或是表達真實的或是渴望自我從而豐富自我（Chaplin and Roedder John, 2004; Kleine and Baker, 2004）時，品牌也能同自我產生關聯。當品牌提供功能性資源，實現自我效能感以及允許對掌控目標的追求和成功，該品牌也能同自我產生關聯。接下來我們詳細敘述每一個資源。

一、通過審美的或是享樂的體驗滿足自我

當品牌一貫依賴於提供滿意（快樂），通過審美的或是享樂的因素，這些因素能迅速地改變情緒，品牌能扮演一個重要的角色。這樣的快樂能夠通過任何的感官體驗——視覺的、聽覺的、觸覺的、嗅覺的、熱量的以及肌肉運動知覺的——得以傳遞。有著這樣品質的品牌在改變注意力從外部的和潛在地分散消極的刺激和思想到自我以及快樂相關的情感上扮演著一種原始的有效的角色。這樣的品牌也會影響諸多情緒，例如，希望、效力、樂觀，這些情緒牽涉到日常的悲痛管理中，影響一個人處理生命問題和情感穩定性（Mulinkulcer and Shaver, 2005）。

星巴克能創建一個品牌，該品牌從多種感官形態（例如，有著令人愉悅的芳香的濃烈的熱咖啡）喚起了快樂，星巴克創建了一種從視覺上和聽覺上令人愉悅的零售氣氛，讓人們感到放鬆和放縱，並且通過審美的和享樂的因素建立品牌自我關聯。「峽谷農場溫泉」療養勝地已經賺取了忠誠的跟隨，建立

了強烈的品牌自我關聯，因為它能提供審美的和享樂的滿足。從滿目青翠的、平坦的草地，到令人放鬆的、完全點亮的、輕鬆的芳香療養室，到豪華舒適的臥室……該農場集中在自我、審美的和享樂的滿足和快樂上。迪士尼樂園喚起了一種類似的自我關聯。從視覺整潔的、安排有序的、友好的道路沿著美國小鎮行走，到令人興奮的太空艙和星際旅行，到迪士尼遊行，迪士尼調動了全身的感官細胞，集中關注自我和這裡以及此時此刻，能強烈地改變了情緒。因此，強烈的品牌自我關聯是從品牌的審美的、享樂的因素演化而來的，這些因素能喚起感官的自我滿足。

二、通過品牌概念內在化豐富自我

第二種獨立的通向品牌自我關聯和品牌依戀的路徑是通過一種內在化過程，在這個過程中，該品牌同自我和豐富聯繫。通過象徵性地呈現某個人的理想的過去、現在或未來的自我，使得品牌自我關聯起來（Markus and Nurius, 1986）。描述品牌通過象徵性自我呈現而豐富自我的路徑至少有三種。

首先，品牌能豐富自我，通過作為一個呈現某人核心的過去自我的一個錨點。這樣的品牌培育了某人原始的、歷史的和核心自我的感覺，提供了現在自我和未來自我形成的基礎。他們提供了一種安全和舒適感，能夠喚起有苦有甜的懷舊感、喜好和滿足感。如果不加選擇，他們將讓某人陷入對過去的豐富的記憶（Kaplan, 1987; Snyder, 1991）。他們使得某人的過去鮮活起來，因此聯繫到稍後的生活，保持了連續性，培育了身分，強化了自我，幫助了個體保持一種積極的自我形象。植入品牌，像某人出生的城市、民族或國家是這類品牌的代表（Joy and Dholakia, 1991; Oswald, 1999）。他們從情感上將某個人同那個地方結合在一起，喚起了自我感以及自我的連貫的維持。涉及音樂、運動名人店，運動員名人，博物館或用某人父母命名的品牌（Moore-Shay and Lutz, 1988; Oswald, 1999），創造了強烈的同消費者的過去和時常是理想的過去自我的關聯。

其次，品牌能豐富自我，通過象徵性地呈現某人的現在的自我——反應某人是誰以及他相信什麼。一個人從親密關係以及反應他或她核心信仰、價值觀和角色身分的其他生活目標中引申出生命意義（Lydon, Burton and Menzies-Toman, 2005; Shavitt and Nelson, 2000）。像 Body Shop 這樣的品牌幫助消費者定義他們自己為關心社會的公民，同其他人溝通他們對於環境和自然的價值觀。投身於慈善組織（例如，國際特赦組織，國際仁人家園）和超越國界的醫療。這類品牌提供了一種消費者同理想自我的聯繫，通過消費者的價值觀和

信仰的呈現。其他的品牌豐富了現在的自我，通過將個體同其他的消費者聯繫起來，那些消費者分享了他們的價值觀和信仰（Kozinets, 2001）。

最後，品牌能承擔象徵意義，呈現某人是誰以及他想成為誰，將該品牌同理想或未來自我相關聯。這類品牌反應了某人的願望，希望和理想的未來自我。對於一些消費者而言，這類品牌是與地位、成功和成就聯繫在一起的——就像勞力士和悍馬（Rolex and Hummer）。然而，其他的理想的未來自我為自我豐富鋪平了道路，通過不同的品牌含義。一個人的理想的未來自我，牽涉到其他的同某人的理想的未來自我產生關聯的品牌會豐富自我，比如，某人是健康的（例如，Atkins），運動的（例如，耐克），著名的（例如，美國偶像），或者是好的父母（例如，家長雜誌）。

品牌能豐富自我，通過任何或是所有的三種途徑。例如，哈雷戴維森（著名機車品牌）喚起了強烈的品牌自我關聯，通過將自我同深深植入品牌的自由和男子漢氣概的價值觀聯繫起來。它包含騎摩托車所穿的服裝來表達個人的身分和價值觀。這個品牌的使用和個人的體驗聯繫起來，作為某人懷舊過去的一部分。它喚起了其他人的關聯感，這些人是各種哈雷團隊的成員。它喚起了其他哈雷所有者的社會階層的歸屬感，從而建立了作為立志成為哈雷擁有者的可能的未來的自我（Schouten and McAlexander, 1995）。象徵性品牌概念的內在化從而豐富了自我。

三、通過產品績效

最後，強烈的依戀能發生，當一個品牌創建了一個有效的能幹的自我感時，使得消費者去追求目標和任務。反過來，創建一種效能感取決於產品績效屬性，這種屬性一貫地、可靠地使任務績效成為可能。如果當一個品牌不能夠滿足消費者的效能感的需求，通過可靠的功能性績效，依戀背後的基本的消費將受到侵犯。因此，消費者對某個品牌的能力的信任對於依戀的形成和持續是非常關鍵的。例如，聯邦快遞的一夜送達服務承諾和瑞士軍刀的萬能應用一定對於消費者對這些所謂的功能品牌產生依戀是有作用的，通過培育一種對某人周圍環境的掌控感。通過自我相關的掌控經歷，這類品牌也能影響了一個人處理生命問題的能力，產生產品績效。

然而，上面的討論假設，品牌依戀能被創建，通過使自我滿足或豐富，這些路徑並不是互相排斥的。因此，任何一種或幾種路徑的組合可能培育強烈的依戀。路徑越多，每一種聯繫越強烈，品牌依戀就會越強烈（Carlston, 1992）。

應該指出的是，增加關聯的數目和強度要求。一個公司做到兩個不同的管理決策：①一種戰略定位決策；②一種戰術執行決策。特定的品牌自我關聯應該得到開發，因為一個品牌是一種戰略的定位問題，能被表達通過理解品牌定位是可行的和值得要的，在該品牌的競爭環境中。至於該品牌關聯是多強烈、多真誠、多豐富和多生動，這就是一個戰術執行問題了。

戰略和戰術問題是不可分離的，必須結合起來。如果很好地整合起來，消費者就會視該品牌為他們自我的延伸（通過各種不同的依戀路徑），他們某個品牌的思想和情感就會自動產生（通過品牌同自我關聯的強度）。

通過該品牌的突出性和同自我的聯繫，依戀培育了強烈的行為（下面描述），提升了競爭優勢，通過生產線和品牌延伸得到有效的成長，從而加強了該品牌的價值。

參考文獻

[1] Ainsworth, Mary D. S, Mary C. Blehar. Eveners Waters and Sally Wall (1978). Patter of Attachment: A Psychological Study of the Strange Situation [M]. Hillsdale, NJ: Erlbaum.

[2] Aldlaigan A. H., Buttle F. A. (2005). Beyond Satisfaction: Customer Attachment to Retail Bank. Intl. J. Bank. Market. 23 (4): 349-359.

[3] Ball K, Bauman A, Leslie E, Owen N (2001). Perceived Environmental Aesthetics and Convenience and Company are Associated With Walking for Exercise Among 4. Australian adults. Prev. Med. 33 (5): 434-440.

[4] Bartholomew K. and Horowitz, L. M. (1991). Attachment Styles among Young Adults: A Test of Four Category Model [J]. Journal of Personality and Social Psychology, 61, 226-244.

[5] Bartholomew K (1990). Avoidance of Intimacy: An Attachment Perspective. J. Soc. Persona. l Relationships., 7: 147-178.

[6] Bartholomew K, Horowitz L. M. (1991). Attachment Styles among Young Adults: A Test of a Four-Category Model, J. Personality. Soc. Psychol. 61: 226-244.

[7] Bifulco A, Brown GW, Moran P, Ball C, Campbell C (1998). Predicting Depression in Women: The Role of Past and Present Vulnerability. Psychol. Med., 28: 39-50.

[8] Bifulco A, Moran P. M., Ball C, Bernazzani O (2002). Adult Attachment Style I: Its Relationship to Clinical Depression. Soc. Psych. Psych. Epidemiol., 37: 50-59.

[9] Bowlby J (1969).「Attachment and Loss」Attachment [M]. New York: Basic Books, 1 (1): 23.

[10] Bowlby J (1973).「Attachment and Loss」Separation [M]. New York: Basic Books, 1 (2): 38.

[11] Bowlby J (1980).「Attachment and Loss」Loss [M]. New York: Basic Books, 1 (3): 71.

[12] Bowlby, John. Attachment and Loss: Vol. 1. Attachment [M]. New York: Basic Books, 1969.

[13] Bowlby, John. Attachment and Loss: Vol. 2. Separation [M]. New York: Basic Books, 1973.

[14] Bowlby, John. Attachment and Loss: Vol. 3. Loss [M]. New York: Basic Books, 1980.

[15] Carl R, Rogers, A theory of Therapy Personality and Interpersonal Relationship Asdeveloped in the Client·Centered Framework. In S. Koch (Ed). Psychology. A study of Science [M]. New York. McGraw-Hill, 1959, 184-256.

[16] Carl R, Rogers, On Becoming a Person [M]. Boston: Houghton Mifflin, 1961.

[17] Carl R, Rogers, Client-centered Therapy [M]. Boston: Houghton Mifflin, 1951.

[18] Carroll, B. & Ahuvia, A. (2006),「Some Antecedents and Outcomes of Brand Love」, Marketing Letters, Vol. 17, No. 2, pp. 79-89.

[19] Cassidy J, Shaver P (1999). Handbook of Attachment: Theory, Research and Clinical Applications. New York: Guilford Press.

[20] David C. Giles & John Maltby (2003). The Role of Media Figures in Adolescent Development: Relations Between Autonomy, Attachment and Interest in Celebrities [J]. Personality and Individual Differences, 36 (4): 813-822.

[21] Fournier S (1998). Consumers and Their Brands: Developing Relationships Theory in Consumer Research [J]. Journal of Consumer Research. 24 (4): 343-373.

[22] Fournier, S., Mick, D. G. (1999). Rediscovering Satisfaction [J]. Journal of Marketing, 63, 5-23.

[23] Gomez, A., Huici, C., Seyle, D. C., & Swann, W. B. (2009). Can Selfverification Strivings Fully Transcend the Self-other Barrier? Seeking Verification of Ingroup Identities. Journal of Personality and Social Psychology, 97, 1,021-1,044.

[24] Hardy, G. E., & Barkham, M. (1994). The Relationship Between In-

terpersonal Attachment Styles and Work Difficulties [J]. Human Relations, 47, 263 -281.

[25] Harkness KL, Wildes JE (2002). Childhood Adversity and Anxiety Versus Dysthymia Comorbidity in Major Depression. Psychol. Med. 32 (7): 1,239-1,242.

[26] Hazan C, Shaver PR (1987). Romantic Love Conceptualized as An Attachment Process. J. Personality Soc. Psychol. 52 (5): 11-524.

[27] Hazan CP, Shaver PR (1994). Attachment as an Organizational Framework for Research on Close Relationships [J]. Psychological Inquiry, 5 (1): 1-22.

[28] Hazan, C., & Zeifman, D. (1999). Pair Bonds as Attachments. In J. Cassidy, & P. R. Shaver (Eds.), Handbook of Attachment. New York: Guilford Press, pp. 336-354.

[29] Hazan, Cindy and Philip R. Shaver. Roman tic Love Conceptualized as An Attachment Process [J]. Journal of Personality and Social Psychology, 1987, 52: 511-524.

[30] Hill, Ronald P. and Mark Stamey. The Homeless in America: An Examination of Possessions and Consumer Behaviors [J]. Journal of Consumer Research, 1990, 17 (12): 303-321.

[31] Hunt SD, Vitell SJ (1986). A General Theory of Marketing Ehics. J. Market. 6 (1): 5-16.

[32] Jiang Y, Dong D (2008), Research on Brand Attachment Theory, Foreign. Econ. Manage., 30 (2): 51-59.

[33] Keller, K L. (1993). Conceptualizing, Measuring and Managing Customer Based Brand Equity [J]. Journal of Marketing, 57 (Jan.): 1-22.

[34] Keller, K. L. (1998), Strategic Brand Management [M]. Upper Saddle River, NJ: Prentice Hall.

[35] Kerns KA, Abraham MM, Schlegelmilch A, Morgan TA (2007). Mother-Child Attachment in Later Middle Childhood: Assessment Approaches and Associations with Mood and Emotion Regulation. Attachment. Hum. Develop., 1 (9):33-53.

[36] Kleine, S. S., & Baker, S. M. (2004). An Integrative Review of Material Possession Attachment, Academy of Marketing Science Review, 1, 1-39.

[37] Lumina S, Albert L, Horowitz M (2009). Attachment Styles and Ethical

Behavior: Their Relationship and Significance in the Marketplace J. Bus. Ethics, 87 (3): 299-316.

[38] MacInnis, Deborah J. and C. Whan Park (1991), The Differential Role of Characteristics of Music on High-and Low-Involvement Consumers' Processing of Ads [J]. Journal of Consumer Research, 18 (2): 161-173.

[39] Maltby John, Houran James, McCutcheon Lynn E. A Clinical Interpretation of Attitudes and Behaviors Associated with Celebrity Worship. Journal of Nervous & Mental Disease, January 2003, 191 (1): 25-29.

[40] Maltby John, McCutcheon Lynn E., Houran James and Ashe Diane. Extreme Celebrity Worship, Fantasy Proneness and Dissociation: Developing the Measurement and Understanding of Celebrity Worship within a Clinical Personality Context [J]. Personality and Individual Differences, 2006, 40 (4): 273-283.

[41] Matthew J. Dykas & Jude Cassidy. Attachment and the Processing of Social Information Across the Life Span: Theory and Evidence [J]. Psychological Bulletin, 2011, Vol. 137, No. 1, 19-46.

[42] Mick DG, Michelle D (1990). Self-Gifts: Phenomenological Insights From Four Contexts [J]. J. Consum. Res. 17 (3): 322-332.

[43] Mick, David Glen and Michelle DeMoss. Self-Gifts: Phenomenological Insights From Four Contexts [J]. Journal of Consumer Research, 1990, 17 (3): 322-332.

[44] Mikulincer M, Shaver P R. Mental Representations of Attachment Security: Theoretical Foundation for a Positive Social Psychology. In: Baldwin M W. ed. Interpersonal Cognition. New York: Guilfford Press, 2005: 233-266.

[45] Mikulincer, M., & Shaver, P. R. (2005). Mental Representations of Attachment Security: Theoretical Foundation for a Positive Social Psychology. In M. W. Baldwin (Ed.), Interpersonal Cognition. New York: The Guilford Press, pp. 233-266.

[46] Moller J. Paradoxical Effects of Praise and Criticism: Social, Dimensional and Temporal Comparisons [J]. British Journal of Educational Psychology, 2005, 75: 275-295.

[47] Muncy JA, Vitell SJ (1992). Consumer Ethics: An Investigation of Ethical Beliefs of the Final Consumer, J. Bus. Res. 24: 279-311.

[48] Park C, 'Macinnis DJ. 1h'iester J. Brand Attachment and Management of

a Strategic Exemplar. In: Schmitt B H. ed [M]. Handbook of Brand Experience Management. MA" Elgar Publishing. 2007: 1-36.

[49] Park CW, MacInnis DJ, Priester J. Beyond Attitudes: Attachment and Consumer Behavior [J]. Seoul Journal Business, 2006, 12 (2): 3-35.

[50] Park CW, MacInnis DJ, Priester J., Brand Attachment and Brand Attitude Strength: Conceptual and Empirical Differentiation of Two Critical Brand Equity Drivers [J]. Journal of Marketing, 2010, Vol: 74 (November), P: 1-17.

[51] Park, C W, Jaworski, B J, and D J MacInnis (1986), Strategic brand concept image management [J]. Journal of Marketing, 50: 134-145.

[52] Philip G. Zimbardo & Michael R. Leippe, the Psychology of Attitude Change amd Social Inffuence [M]. The McGraw-Hill Companies, Inc. 1991.

[53] Philip GZ, Michael RL (1991). the Psychology of Attitude Change amd Social Inffuence [M]. The McGraw-Hill Companies, Inc. 1991.

[54] Philip J. Auter, Philip Palmgreen. Development and Validation of a Parasocial Interaction Measure: The Audience、ersona Interaction Scale. Communication Research Reports, 2000, 17 (1): 79-81.

[55] Richins, Marsha. Special Possessions and the Expression of Material Values [J]. Journal of Consumer Research, 1994, 21: 522-533.

[56] Rohner RP (2004). The Parental「Acceptance-Rejection Syndrome」: Universal of Perceived Rejection. Am. Psychol., 59: 827-840.

[57] Roisman GI, Holland A, Fortuna K, Fraley RC, Clausell E, Clarke A (2007). The Adult Attachment Interview and Self-Reports of Attachment Style: An Empirical rapprochement. J. Personality. Soc. Psychol. 92: 678-697.

[58] Schouten, John W. and James H. McAlexander, Subcultures of Consumption: An Ethnography of the New Bikers [J]. Journal of Consumer Research, 1995, 22: 43-61.

[59] Schultz, S. E., Kleube, R. E. III, & Kernan, J. B. (1989). These are a few of My Favorite Things: Toward an Explication of Attachment as a Consumer Behavior Construct. In: Srull, T. (eds.), Advances in Consumer Research, Provo, UT: Association for Consumer Research, vol. 16 pp. 359-366.

[60] Sehifferstein, Hendrik N. J., Ruth Mugge and Paul Hekkert. Designing Consumer-Product Attachment [A]. In: D. McDonagh, P. Hekkert, J. Van Erp and D. Gyi (ED.), Design and Emotion: The Experience of Everyda Things [M].

London: Taylor & Francis, 2004: 327-331.

［61］Seligman, M. E. P. Authentic Happiness: Using the New Positive Psychology to Realize your Potential for Lasting Fulfillment ［M］. New York: Free Press. 2002.

［62］Seligman, M. E. P., Rashid, T., and Parks, A. C. Positive Psychotherapy ［J］. American Psychologist, 2006.9: 774-788.

［63］Seligman, M. E. P著, 洪蘭譯. 真實的幸福, 沈陽: 萬卷出版公司 ［M］. 2010.7: 69-128.

［64］Slater JS (2000). Collecting The Real Thing: A Case Study Exploration of Brand Loyalty Enhancement Among Coca-Cola Brand Collectors ［J］. Advances Consum. Res. 27: 202-208.

［65］Swann Jr., W. B., Chang-Schneider, C., Angulo, S. (2008). Self-verification in Relationships as an Adaptive Process. In J. Wood, A. Tesser, & J. Holmes (Eds.), The Self and Social Relationships. New York: Psychology Press, pp. 49-72.

［66］Swann Jr., W. B., Hixon, J. G., Stein-Seroussi, A., & Gilbert, D. T. (1990). The Fleeting Gleam of Praise: Behavioral Reactions to Selfrelevant Feedback. Journal of Personality and Social Psychology, 59, 17-26.

［67］Swann Jr., W. B., Rentfrow, P., & Guinn, J. (2003). Self-Verification: The Search for Coherence. In M. Leary, & J. Tangney (Eds.), Handbook of Self and Identity. New York: Guilford, pp. 367-383.

［68］Swann, W. B. & Schroeder, D. G. (1995). The Search for Beauty and Truth: A Framework for Understanding Reactions to Evaluations. Personality and Social Psychology Bulletin, 21, 1,307-1,318.

［69］Thach EC, Janeen O (2006). The Role of Service Quality in Influencing Brand Attachment A Winery Vistor Center ［J］. J. Qual. Assur. Hosp. Tourism, 7 (3): 59-77.

［70］Thach. Elizabeth C. and Janeen Olsen. The Role of Service Quality in Influencing Brand Attachment A Winery Vistor Center ［J］. Journal of Quality Assurance in Hospitality & Tourism, 2006, 7 (3): 59-77.

［71］Thaeh EC. Olsen J. 111c Role of Service Quality in Influencing Brand Attachment at Winery Visitor Center ［J］. Journal of Quality Assurancein Hospitality & Tourism, 2006, 7 (3): 59-77.

［72］Vitell S J, Lumpkin JR, Rawwas MYA（1991）. Consumer Ethics: An Investigation of Ethical Beliefs of Elderly Consumers, J. Bus. Ethics., 10: 365-375.

［73］Wallker. A. M. Rablem. R. A & Rogers. C. R, Development of a Scale to Measure Process Changes on Psychotherapy. Journal of Clinical Psychology ［J］. 1960（16）: 79-85.

［74］William James, The principles of psychology ［M］. H. Holt and company, 1890.

［75］常保瑞, 方建東. 大學生完美主義、自尊、自我和諧和自殺意念的關係研究［J］. 中國健康心理學雜誌, 2008, 16（6）: 634-637.

［76］陳昕, 王志紅, 王曉一, 程淑英. 團體輔導對心理專業學生自尊和自我和諧的影響研究［J］. 中國實用醫藥, 2008. 7. 3（19）: 172-173.

［77］崔紅, 王登峰. 人格維度與自我和諧的相關研究［J］. 中國心理衛生雜誌, 2005, 6（19）: 370-372.

［78］德斯蒙德·莫利斯. 裸猿三部曲——親密關係［M］. 何道寬, 譯. 上海: 復旦大學出版社, 2010.

［79］何小忠. 青少年偶像崇拜與教育［D］. 蘇州: 蘇州大學, 2005.

［80］呼靖. 藝術專業大學生一般自我效能感、自我和諧、社會支持與主觀幸福感的相關性研究［D］. 天津: 天津師範大學, 2009.

［81］黃桂玲. 高中生自我和諧及其與心理壓力、人格特質的關係研究［D］. 長沙: 湖南師範大學, 2008.

［82］黃桂玲. 高中生自我和諧及其與心理壓力、人格特質的關係研究［D］. 長沙: 湖南師範大學, 2008.

［83］黃靜, 王新剛, 張司飛, 周南（2010）. 企業家違情與違法行為對品牌形象的影響［J］. 管理世界, 2011（5）: 96-107.

［84］黃靜, 俞鈺凡, 林青藍（2012）. 企業家慈善行為對企業家代言的作用機制研究［J］. 中國工業經濟, 2012（2）: 119-127.

［85］姜岩, 董大海（2009）. 西方消費者依戀理論的研究進展［J］. 管理評論, 21（1）: 77-86.

［86］姜岩, 董大海. 品牌依戀理論研究探析［J］. 外國經濟與管理, 30（2）: 55-60.

［87］蔣燦, 昆良. 大學生自我價值感與自我和諧的相關研究［J］. 西南大學學報（人文社會科學版）, 2006（3）: 13-16.

［88］李北容, 申荷永. 名人崇拜研究綜述［J］. 社會心理科學, 2010

（2）：135-169.

［89］李朝霞. 大學生社交焦慮及其與自我和諧的關係研究［D］. 武漢：華中師範大學，2004.

［90］李莉，女中專生自我和諧性與應對方式的調查研究［J］. 中國健康心理學雜誌，2005，13（2）：131-133.

［91］李雙. 大學生自我和諧與人際關係困擾相關研究［J］. 唐山師範學院學報，2008（4）：134-135.

［92］李曉芳，王靜麗，朱曉斌. 研究生人際關係困擾與自我和諧的關係研究［J］. 心理研究，2009，2（5）：87-90.

［93］李彥章，李敏，馮正直. 軍醫大學生應對方式與自我和諧的關係［J］. 中國臨床康復，8（6）：1，144.

［94］李志凱，大學生自我和諧及其與應對方式的關係［J］. 中國學校衛生，2006（11）：960-961.

［95］栗豔，姜峰. 大學新生自我和諧與焦慮情緒的關係研究［J］. 中國健康心理學雜誌，2009，17（7）：840-842.

［96］林良章，蔣懷濱. 大學新生自我和諧與應對方式的調查研究［J］. 中國健康心理學雜誌，2009，17（4）：427-429.

［97］羅薇，戴曉陽. 大學生自我和諧與家庭親密度和適應性的研究［J］. 預防醫學情報雜誌，2006，22（6）：669-672.

［98］普漢，鄭慧玲. 人格心理學［M］. 臺北：臺灣棒冠圖書股份有限公司，1985：339.

［99］曲媛媛. 大學生家庭親密度、職業價值觀與自我和諧的關係研究［D］. 曲阜：曲阜師範大學，2009.

［100］石國興，林乃磊，祝偉娜，等. 石家莊市居民心理和諧狀況研究［J］. 河北師範大學學報：教育科學版，2008，10（1）：89-95.

［101］萬杰. 大學生人際信任、自我和諧與自我表露的關係研究［D］. 南昌：江西師範大學，2009.

［102］汪向東. 心理衛生評定量表手冊. 中國心理衛生雜誌增訂版［M］. 北京：中國心理衛生雜誌社，1993：315.

［103］王高潔. 大學生的共情、自我和諧及其關係研究［D］. 廣州：華南師範大學，2008.

［104］王晶，盧寧. 高職生應付方式和自我和諧與抑鬱的關係研究［J］. 預防醫學情報雜誌，2006（6）：677-681.

［105］王瑋，安麗娟. 大學生自我和諧狀況及其與焦慮的相關研究［J］. 中國行為醫學，2006（5）：403-404.

［106］王曉一，李薇，楊美榮. 大學生人際信任與自我和諧的相關研究［J］. 中國健康心理學雜誌，2008，16（6）：646-647.

［107］溫子棟，高健，朱瑩等. 大學生自我和諧與心理健康水平關係研究［J］. 中國健康心理學雜誌，2008，16（10）：1,120-1,123.

［108］楊潤濤，徐挺. 大學新生自我和諧狀況及其與應對方式的關係［J］. 中國健康心理學雜誌，2009，17（3）：341-342.

［109］岳曉東（1999）. 青少年偶像崇拜與榜樣學習的異同分析［J］. 青年研究，1999（7）：1-9.

［110］占豔萍. 大學生人際關係及其干預對自我和諧的影響［D］. 石家莊：河北師範大學碩士生論文，2009.

［111］張靜. 大學生自我防禦機制與生活事件、社會支持、自我和諧的關係研究［D］. 上海：華中師範大學，2008.

［112］張立榮，管益杰，王詠. 品牌至愛的概念及其發展［J］. 心理科學進展，2007，15（5）：846-851.

［113］趙冰潔，陳幼貞. 大學生心理健康與自我和諧的關係研究［J］. 健康心理學雜誌，2003，11（6）：478-480.

［114］鄭先如. 論心理和諧的自我——人格問題——以大學生為例［J］. 龍岩學院學報，2009，27（4）：110-112.

［115］鐘豔蘭，賴小林. 汕頭大學碩士研究生自我和諧狀況及其與主觀幸福感的相關［J］. 中國健康心理學雜誌，2009，17（1）.

［116］周志民（2007）. 品牌關係研究述評［J］. 外國經濟與管理，29（4）：46-54.

附錄　調查問卷

研究一A（類社會涉入度+真實自我一致）

親愛的朋友：

您好！我們正在進行一項關於消費者行為的研究，需要瞭解您的看法。答案無對錯之分，我們感興趣的是您真實的想法！本次調查是完全匿名的，所得信息僅用於學術研究。完成該調查僅需要5~10分鐘。非常感謝！

溫馨提示：請嚴格按照題目出現的先後次序作答。謝謝！

在做題目之前，請閱讀下面一段文字：

無論我們的生命中對世界做了什麼，無論我們如何推斷和解釋，無論我們怎樣構想和創造，無論我們遇到和接納過哪些人，這都由我們自己來選擇。

思考片刻，請在下面的空白處列舉<u>兩項您過去曾經做過的事</u>。

例如，我在上大學的時候，為了參加俞敏洪的講座，我向老師請假了。

第一部分

關於企業家XYZ，請在最接近您想法的數字上打鈎或畫圈。從「1」到「5」，這句話接近您的程度依次增強。

	完全不同意	不同意	不好說	同意	完全同意
A11 我認為XYZ對我而言很親近	1	2	3	4	5
A12 我認為我對XYZ很熟悉	1	2	3	4	5
A13 我知道XYZ這個人	1	2	3	4	5

第二部分

請花一點時間回憶一下您平常接觸到XYZ信息的情景。然後回答下面的問題。答案無對錯，請根據每句話接近於您的程度在相應的數字上打鈎或畫

圈。從「1」到「5」，這句話接近您的程度依次增強。

	完全不同意	不同意	不好說	同意	完全同意
L11 就我個人而言，XYZ 是重要的	1	2	3	4	5
L12 相對於其他企業家而言，XYZ 對我來說更重要一些	1	2	3	4	5
L21 對於 XYZ 的任何新聞，我都會關注	1	2	3	4	5
L22 我願意親自和 XYZ 接觸	1	2	3	4	5

第三部分

請花上幾分鐘時間思考一下 XYZ，描述這個人的個性特徵：

_____；

下面，思考一下現實中你自己是什麼樣子的，請描述你自己的現實中的個性特徵：

_____；

現在，停留片刻，直到您對上面的思考形成了清晰的圖像。然後回答下面的問題。

答案無對錯，請根據每句話接近於您的程度在相應的數字上打鈎或畫圈。從「1」到「5」，這句話接近您的程度依次增強。

	完全不同意	不同意	不好說	同意	完全同意
B11 企業家 XYZ 的個性和我真實的個性基本是一致的	1	2	3	4	5
B12 企業家 XYZ 的個性不太符合我的真實個性	1	2	3	4	5

第四部分

只要一提到、想到或是看到 XYZ，您對 XYZ 的感受

	完全不同意	不同意	不好說	同意	完全同意
D11　我很喜歡 XYZ	1	2	3	4	5
D12　我對 XYZ 有種愛慕的感覺	1	2	3	4	5
D21　XYZ 似乎懂得我	1	2	3	4	5

	完全不同意	不同意	不好說	同意	完全同意
D22　XYZ 就像我的一個老朋友一樣	1	2	3	4	5
D31　XYZ 讓我有激情，看到他，我就感到高興	1	2	3	4	5
D32　我覺得 XYZ 很有魅力，令我著迷	1	2	3	4	5

最後是有關您的一般信息：

您的性別＿＿＿＿＿＿

您的年齡＿＿＿＿＿＿

您的職業＿＿＿＿＿＿

研究一 B（類社會涉入度+理想自我一致）

親愛的朋友：

您好！我們正在進行一項關於消費者行為的研究，需要瞭解您的看法。答案無對錯之分，我們感興趣的是您真實的想法！本次調查是完全匿名的，所得信息僅用於學術研究。完成該調查僅需要 5~10 分鐘。非常感謝！

溫馨提示：請嚴格按照題目出現的先後次序作答。謝謝！

在做題目之前，請閱讀下面一段文字：

無論我們的生命中對世界做了什麼，無論我們如何推斷和解釋，無論我們怎樣構想和創造，無論我們遇到和接納過哪些人，這都由我們自己來選擇。

思考片刻，請在下面的空白處列舉<u>兩項您過去曾經做過的事</u>。

例如，我在上大學的時候，為了參加俞敏洪的講座，我向老師請假了。

第一部分

關於企業家 XYZ，請在最接近您想法的數字上打鈎或畫圈。從「1」到「5」，這句話接近您的程度依次增強。

	完全不同意	不同意	不好說	同意	完全同意
A11 我認為 XYZ 對我而言很親近	1	2	3	4	5
A12 我認為我對 XYZ 很熟悉	1	2	3	4	5
A13 我知道 XYZ 這個人	1	2	3	4	5

第二部分

請花一點時間回憶一下您平常接觸到 XYZ 信息的情景。

然後回答下面的問題。答案無對錯，請根據每句話接近於您的程度在相應的數字上打鈎或畫圈。從「1」到「5」，這句話接近您的程度依次增強。

	完全不同意	不同意	不好說	同意	完全同意
L11 就我個人而言，XYZ 是重要的	1	2	3	4	5

	完全不同意	不同意	不好說	同意	完全同意
L12 相對於其他企業家而言，XYZ 對我來說更重要一些	1	2	3	4	5
L21 對於 XYZ 的任何新聞，我都會關注	1	2	3	4	5
L22 我願意親自和 XYZ 接觸	1	2	3	4	5

第三部分

請花上幾分鐘時間思考一下 XYZ，描述這個人的個性特徵：

_____；

然後，請思考：你想要自己變成什麼樣子，你最想成為哪種人？請描述自己理想的個性特徵：

_____；

現在，停留片刻，直到您對上面的思考形成了清晰的圖像。然後回答下面的問題。答案無對錯，請根據每句話接近於您的程度在相應的數字上打鈎或畫圈。從「1」到「5」，這句話接近您的程度依次增強。

	完全不同意	不同意	不好說	同意	完全同意
B21 企業家 XYZ 的個性和我理想的個性基本是一致的	1	2	3	4	5
B22 企業家 XYZ 的個性不太符合我的理想個性	1	2	3	4	5

第四部分

只要一提到、想到或是看到 XYZ，您對 XYZ 的感受是：

	完全不同意	不同意	不好說	同意	完全同意
D11　我很喜歡 XYZ	1	2	3	4	5
D12　我對 XYZ 有種愛慕的感覺	1	2	3	4	5
D21　XYZ 似乎懂得我	1	2	3	4	5
D22　XYZ 就像我的一個老朋友一樣	1	2	3	4	5
D31　XYZ 讓我有激情，看到他，我就感到高興	1	2	3	4	5

	完全不同意	不同意	不好說	同意	完全同意
D32　我覺得 XYZ 很有魅力，令我著迷	1	2	3	4	5

最後是有關您的一般信息：

您的性別_____

您的年齡_____

您的職業_____

研究二 A（真實自我一致）

親愛的朋友：

您好！我們正在進行一項關於消費者行為的研究，需要瞭解您的看法。答案無對錯之分，我們感興趣的是您真實的想法！本次調查是完全匿名的，所得信息僅用於學術研究。完成該調查僅需要 5~10 分鐘。非常感謝！

溫馨提示：請嚴格按照題目出現的先後次序作答。謝謝！

在做題目之前，請閱讀下面一段文字：

無論我們的生命中對世界做了什麼，無論我們如何推斷和解釋，無論我們怎樣構想和創造，無論我們遇到和接納過哪些人，這都由我們自己來選擇。

思考片刻，請在下面的空白處列舉<u>兩項您過去曾經做過的事</u>。

例如，我在上大學的時候，為了參加俞敏洪的講座，我向老師請假了。

第一部分

關於企業家 XYZ，請在最接近您想法的數字上打鈎或畫圈。從「1」到「5」，這句話接近您的程度依次增強。

	完全不同意	不同意	不好說	同意	完全同意
A11 我認為 XYZ 對我而言很親近	1	2	3	4	5
A12 我認為我對 XYZ 很熟悉	1	2	3	4	5
A13 我知道 XYZ 這個人	1	2	3	4	5

第二部分

請花上幾分鐘時間思考一下 XYZ，描述這個人的個性特徵：

_____；

下面，思考一下現實中你自己是什麼樣子的，請描述你自己的現實中的個性特徵：

_____；

現在，請認真回答下面的問題。答案無對錯，請根據每句話接近於您的程度在相應的數字上打鈎或畫圈。從「1」到「5」，這句話接近您的程度依次增強。

	完全不同意	不同意	不好說	同意	完全同意
B11 企業家 XYZ 的個性和我真實的個性基本是一致的	1	2	3	4	5
B12 企業家 XYZ 的個性不太符合我的真實個性	1	2	3	4	5

第三部分

只要一提到、想到或是看到 XYZ，您對自己的感受。答案無對錯，請根據每句話接近於您的程度在相應的數字上打鈎或畫圈。從「1」到「5」，這句話接近您的程度依次增強。

	完全不同意	不同意	不好說	同意	完全同意
C11 總的來說，XYZ 讓我認為自己很不錯	1	2	3	4	5
C12 XYZ 讓我覺得自己是一個有價值的人	1	2	3	4	5
C13 XYZ 讓我覺得自己很有魅力	1	2	3	4	5
C14 XYZ 讓我對自己持積極的態度	1	2	3	4	5
C21 總體上，XYZ 讓我對自己不滿意	1	2	3	4	5
C22 XYZ 讓我傾向於覺得自己是個失敗者	1	2	3	4	5
C23 XYZ 讓我覺得自己沒有多少值得驕傲的地方	1	2	3	4	5
C24 XYZ 讓我對自己持消極的態度	1	2	3	4	5

第四部分

只要一提到、想到或是看到 XYZ，您對 XYZ 的感受。答案無對錯，請根據每句話接近於您的程度在相應的數字上打鈎或畫圈。從「1」到「5」，這句話接近您的程度依次增強。

	完全不同意	不同意	不好說	同意	完全同意
D11 我很喜歡 XYZ	1	2	3	4	5
D12 我對 XYZ 有種愛慕的感覺	1	2	3	4	5
D21 XYZ 似乎懂得我	1	2	3	4	5
D22 XYZ 就像我的一個老朋友一樣	1	2	3	4	5

	完全不同意	不同意	不好說	同意	完全同意
D31　XYZ讓我有激情，看到他，我就感到高興	1	2	3	4	5
D32　我覺得XYZ很有魅力，令我著迷	1	2	3	4	5

最後是有關您的一般信息：

您的性別＿＿＿＿＿＿＿

您的年齡＿＿＿＿＿＿＿

您的職業＿＿＿＿＿＿＿

研究二 B（理想自我一致）

親愛的朋友：

您好！我們正在進行一項關於消費者行為的研究，需要瞭解您的看法。答案無對錯之分，我們感興趣的是您真實的想法！本次調查是完全匿名的，所得信息僅用於學術研究。完成該調查僅需要 5~10 分鐘。非常感謝！

溫馨提示：請嚴格按照題目出現的先後次序作答。謝謝！

第一部分：

這部分主要考察人們的自我覺知。請閱讀下面一段文字：

無論我們的生命中對世界做了什麼，無論我們如何推斷和解釋，無論我們怎樣構想和創造，無論我們遇到和接納過哪些人，這都由我們自己來選擇。

思考片刻，請在下面的空白處列舉<u>兩項您過去曾經做過的事</u>。

例如，我在上大學的時候，為了參加俞敏洪的講座，我向老師請假了。

第二部分

關於企業家 XYZ，請在最接近您想法的數字上打鈎或畫圈。從「1」到「5」，這句話接近您的程度依次增強。

	完全不同意	不同意	不好說	同意	完全同意
A11 我認為 XYZ 對我而言很親近	1	2	3	4	5
A12 我認為我對 XYZ 很熟悉	1	2	3	4	5
A13 我知道 XYZ 這個人	1	2	3	4	5

第三部分

請花上幾分鐘時間思考一下 XYZ，描述這個人的個性特徵：

_____；

然後，請思考：你想要自己變成什麼樣子，你最想成為哪種人？請描述自己理想的個性特徵：

_____；

現在，請認真回答下面的問題。答案無對錯，請根據每句話接近於您的程

度在相應的數字上打鈎或畫圈。從「1」到「5」，這句話接近您的程度依次增強。

	完全不同意	不同意	不好說	同意	完全同意
B21 企業家 XYZ 的個性和我理想的個性基本是一致的	1	2	3	4	5
B22 企業家 XYZ 的個性不太符合我的理想個性	1	2	3	4	5

第三部分

只要一提到、想到或是看到 XYZ，您對自己的感受。答案無對錯，請根據每句話接近於您的程度在相應的數字上打鈎或畫圈。從「1」到「5」，這句話接近您的程度依次增強。

	完全不同意	不同意	不好說	同意	完全同意
C11　總的來說，XYZ 讓我認為自己很不錯	1	2	3	4	5
C12　XYZ 讓我覺得自己是一個有價值的人	1	2	3	4	5
C13　XYZ 讓我覺得自己很有魅力	1	2	3	4	5
C14　XYZ 讓我對自己持積極的態度	1	2	3	4	5
C21　總體上，XYZ 讓我對自己不滿意	1	2	3	4	5
C22　XYZ 讓我傾向於覺得自己是個失敗者	1	2	3	4	5
C23　XYZ 讓我覺得自己沒有多少值得驕傲的地方	1	2	3	4	5
C24　XYZ 讓我對自己持消極的態度	1	2	3	4	5

第四部分

只要一提到、想到或是看到 XYZ，您對 XYZ 的感受。答案無對錯，請根據每句話接近於您的程度在相應的數字上打鈎或畫圈。從「1」到「5」，這句話接近您的程度依次增強。

	完全不同意	不同意	不好說	同意	完全同意
D11　我很喜歡 XYZ	1	2	3	4	5
D12　我對 XYZ 有種愛慕的感覺	1	2	3	4	5

	完全不同意	不同意	不好說	同意	完全同意
D21　XYZ 似乎懂得我	1	2	3	4	5
D22　XYZ 就像我的一個老朋友一樣	1	2	3	4	5
D31　XYZ 讓我有激情，看到他，我就感到高興	1	2	3	4	5
D32　我覺得 XYZ 很有魅力，令我著迷	1	2	3	4	5

最後是有關您的一般信息：

您的性別＿＿＿＿＿＿＿

您的年齡＿＿＿＿＿＿＿

您的職業＿＿＿＿＿＿＿

後　記

　　本書的撰寫過程漫長而痛苦。本書是我在博士論文的基礎上經過幾年時間的反覆修改完成的。撰寫過程遇到的困難和曲折實在是太多了，幸運的是得到了諸多良師益友的幫助。

　　最要感謝的便是我的博士導師黃靜教授。她高尚的人格魅力和智慧的言行令我敬佩終身。她循循善誘，誨人不倦的嚴謹風格對於解決寫作過程中的難題起到了至關重要的作用。她不辭辛勞、字斟句酌地推敲，提出修改意見。不論是在校期間還是畢業後的工作期間，她總是給予我無私的幫助。

　　在課題的研究階段，我得到了單位領導張誠、朱剛英、陶麗萍、杜先峰等人的諸多照顧和關懷。本書的順利完稿，離不開課題組成員的鼎力幫助，他們是李南鴻、顧麗琴等。顧麗琴老師和李南鴻老師不但在工作上幫助我進步，敦促我前進，在生活上更是如家人般給予我溫暖，她們的崇高人格讓我深感觸動。此外，還要感謝我的研究生胡麗、熊家祁等人。本書的第二作者李南鴻老師主要負責本書第七章的數據搜集、整理和撰寫，研究生胡麗同學負責文獻搜集整理和全書校對工作。

　　自然，在漫長的過程中最甘苦與共的就是家人了。

　　要感謝的人很多，但是我很惶恐，因為還有很多的不足和缺憾……

　　總之，雖然本書的研究至此告一段落，但對於消費者-企業家品牌依戀的研究才剛剛開始，後續將繼續對這一主題進行相關的研究。

國家圖書館出版品預行編目(CIP)資料

企業家品牌依戀 / 俞鈺凡、李南鴻 著.-- 第一版.
-- 臺北市：崧博出版：財經錢線文化發行，2018.10
　面；　公分
ISBN 978-957-735-543-0(平裝)
1.品牌 2.策略管理
496.14　　　107016633

書　名：企業家品牌依戀
作　者：俞鈺凡、李南鴻 著
發行人：黃振庭
出版者：崧博出版事業有限公司
發行者：財經錢線文化事業有限公司
E-mail：sonbookservice@gmail.com
粉絲頁　　　　　　網　址：
地　址：台北市中正區延平南路六十一號五樓一室
8F.-815, No.61, Sec. 1, Chongqing S. Rd., Zhongzheng Dist., Taipei City 100, Taiwan (R.O.C.)
電　話：(02)2370-3310 傳　真：(02) 2370-3210
總經銷：紅螞蟻圖書有限公司
地　址：台北市內湖區舊宗路二段 121 巷 19 號
電　話：02-2795-3656　傳真：02-2795-4100　網址：
印　刷：京峯彩色印刷有限公司（京峰數位）

　　本書版權為西南財經大學出版社所有授權崧博出版事業有限公司獨家發行電子書及繁體書繁體版。若有其他相關權利及授權需求請與本公司聯繫。

定價：300元
發行日期：2018 年 10 月第一版
◎ 本書以POD印製發行